중학생을 위한
스토리텔링
수학 ③학년

중학생을 위한
스토리텔링 수학

3학년

계영희 지음

살림Friends

차례

제1장
실수와 성질

1. 무리수의 등장

지금까지 배운 유리수만 해도 만만치 않은데 무리수라니!

우리 친구들한테 푸념 섞인 목소리가 나올 만도 해요. 하지만 무리수는 우리를 보다 넓고 희한한 세상으로 데려다 준답니다.

오늘날 여러분이 선명한 음색으로 발라드와 록, 장르를 가리지 않고 음악을 즐길 수 있는 것도 다 무리수 덕분이에요. 무리수 때문에 '음악의 아버지' 바흐가 '평균율'을 발명할 수 있었으니까요.

유리수는 분수의 모양으로 나타낼 수 있고, 아무리 가까운 두 유리수 a와 b 사이에도 $\dfrac{a+b}{2}$ 라는 유리수가 있어요. 그것은 곧 "두 유리수 사이에는 얼마든지 많은 유리수가 있다."는 것과 같은 말이에요. 이 사실만 보면 수직선 위는 유리수만으로 가득 채워져 있는 것으로 생각할 수 있어요. 우리 친구들이 그렇게 생각하는 것도 무리는 아니에요. 대수학자 피타고라스조차도 처음에는 수직선상에 유리수만 가득 채워져 있다고 믿었으니까요. 그래서 피타고라스는 한 변이 1인 정사각형의 대각선 $\sqrt{2}$가 분수꼴로 표시될 수 없는 것을 알고 제자들에게 "무리수는 신이 실수하여 만든 것이니 이 사실을 절대로 외부 사람들에게 말해서는 안 된다."라고 당부했을 정도였어요. 하지만 사실 무리수는 유리수보다 더 많이 존재한답니다.

예를 들어 유리수 a를 생각해 봐요. 유리수 a에다 무리수 $\sqrt{2}$를 더하면 어떻게 될까요? $a+\sqrt{2}$는 무리수가 된답니다. 왜 그럴까요?

$a+1.4142\cdots$는 $(a+1).4142\cdots$가 되어 또 하나의 무리수가 되는 것이죠. 그렇다면 무리수는 어떤 모양으로 수직선 위에 있을까요?

무리수 $\sqrt{2}$, $\sqrt{3}$, $\sqrt{5}\cdots$는 다음 그림과 같이 수직선 위에 있어요. 무리수는 유리수보다 훨씬 더 많고 유리수와 함께 수직선상에 아주 촘촘히 조밀하게 꽉 들어차 있어요. 아주 작은 빈틈도 없이 말이에요! 이렇게 유리수와 무리수 두 가지 수로 실수가 완성되는 거랍니다.

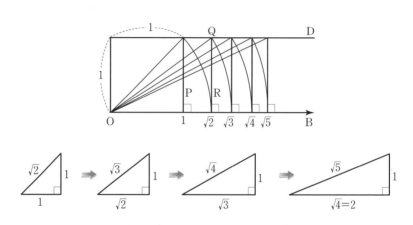

2. 제곱근은 무엇일까?

이미 여러분은 자기 자신을 두 번 곱한 것이 **제곱**이란 사실을 배웠어요. 바로 기수법치에서 공부했는데 잠깐 복습해 볼까요?

예를 들어 2의 제곱은 $2 \times 2 = 2^2 = 4$이고, 3의 제곱은 $3^2 = 9$이지요. 오늘은 한걸음 더 나아가 **제곱근**을 배워 봐요.

'근'이라는 글자가 하나 더 붙었는데 과연 어떤 의미일까요? '근根'

은 한자어로 뿌리라는 의미입니다. 다음 식을 한번 보세요.

$$\bigstar \times \bigstar = 4$$

$$\bigstar^2 = 4$$

이때 $\bigstar = 2$이고, 이 수가 바로 4의 제곱근이 된답니다.

그런데 $\bigstar^2 = 4$가 되게 하는 또 다른 수는 없을까요?

$(-2) \times (-2) = 4$가 되었으니 $\bigstar = -2$도 제곱근이 될 수 있다는 점을 유의하세요. 그러므로 $\bigstar^2 = 4$일 때 제곱근 $\bigstar = \pm 2$이고 '플러스 마이너스 2'라고 말한답니다.

다음 식을 한번 살펴보세요.

$\triangle^2 = 16$이라면 제곱근 $\triangle$은 얼마일까요?

$4^2 = 16$, $(-4)^2 = 16$이에요. 따라서 $\triangle = \pm 4$라고 할 수 있답니다.

이번에는 부등식 $4 < x < 9$를 만족하는 x를 생각해 봅시다.

한 번만 봐도 답이 5, 6, 7, 8 네 개의 수라는 걸 알 수 있어요.

아주 당연한 질문을 한다고 생각할지도 모르겠어요. 하지만 여러분이 그렇게 생각한 것은 자연수일 때만 성립하는 것이랍니다. 만약 이 문제에 유리수라는 조건을 붙이면 그 답은 4.5, 5.5, 6.5 … 한없이 많아져요.

여기에서 한 단계 더 나아간 설명을 해 볼까요?

부등식 $4=2^2<x^2<3^2=9$를 한번 생각해 봐요.

다시 말해서 제곱했을 때 4보다 크고 9보다 작은 수는 어떤 수일까요?

$x^2=5$도 있고, $x^2=6$, $x^2=7$, $x^2=8$도 가능하겠죠?

우선 $x^2=5$를 생각해 봐요.

제곱하여 5가 되는 수는 **'5의 제곱근'**이라고 말해요. 또 $x=\pm\sqrt{5}$라고 쓰며, **'플러스 마이너스 루트 5'**라고 읽지요.

이때 누군가 이렇게 질문할 수도 있어요.

"선생님! $x^2=4$일 때는 제곱근이 $x=\pm2$였는데 그때는 왜 루트를 안 붙였죠?"

아하! 아주 좋은 질문이군요. $x=\pm\sqrt{4}$가 되는데 $\pm\sqrt{4}=\pm\sqrt{2^2}=\pm2$가 된 것이에요. 루트 속의 지수 2가 루트 밖으로 튀어나올 수 있기 때문이지요.

그럼 또 누군가 이렇게 질문할지도 몰라요.

"선생님, $x^2=9$의 제곱근도 $x=\pm\sqrt{9}=\pm\sqrt{3^2}=\pm3$이 되는 것도 똑같은 원리인가요?"

물론이랍니다!

마지막으로 한 가지 주의할 점이 있어요. 예를 들어 $\sqrt{12^2}=12$ 입니다. 그럼 $\sqrt{(-8)^2}$은 얼마일까요?

－8이라고 생각할 수도 있지만 한 번 더 생각해 봐야 해요. $\sqrt{(-8)^2}=\sqrt{64}=\sqrt{8^2}$이 되기 때문에 정답은 －8이 아니라 8이랍니다. 음수일 경우에는 꼭 한 번 더 생각해 보세요!

약속

1. 음이 아닌 어떤 수 a에 대하여 제곱하여 a가 되는 수를 a의 제곱근 이라고 한다.
2. 양수를 제곱해도 양수가 되고, 음수를 제곱해도 양수가 되므로 음수 의 제곱근은 생각할 필요가 없다. 또 제곱하여 0이 되는 수는 0뿐이 므로 0의 제곱근은 0이다.
3. $a>0$일 때
   ① $(\sqrt{a})^2=a,\ (-\sqrt{a})^2=a$
   ② $\sqrt{a^2}=a,\ \sqrt{(-a)^2}=a$

3. 제곱근을 비교하자!

오른쪽 그림은 넓이가 $3\,\text{cm}^2$, $5\,\text{cm}^2$인 두 정 사각형을 겹쳐 놓은 것입니다. 정사각형의 넓 이가 $4\,\text{cm}^2$라고 한다면 한 변의 길이를 구하는 것은 누워서 식은 죽 먹기죠. 그런데 그림처럼

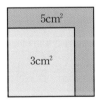

정사각형의 넓이가 $3\,\text{cm}^2$라고 할 때 한 변의 길이는 얼마일까요?

이럴 때 우리 친구들은 앞에서 설명한 제곱근의 원리를 사용해야 해요. 정사각형의 넓이가 3이니까 한 변의 길이는 $\pm\sqrt{3}$이라고 생각하기가 쉬워요. 단순히 3의 제곱근을 구하면 $\pm\sqrt{3}$이지만, 이 문제는 정사각형의 길이를 구하는 문제이므로 음수는 적당하지 않아요. 마이너스의 길이는 없으니까요. 따라서 답은 $\sqrt{3}$cm랍니다.

마찬가지로 넓이가 5cm²인 정사각형의 한 변의 길이는 $\sqrt{5}$cm예요. 이때 두 정사각형의 변의 길이를 비교해 보면 넓이가 큰 정사각형의 변의 길이가 당연히 길겠지요.

두 정사각형의 넓이를 비교했을 때 3<5이므로, 변의 길이 역시 $\sqrt{3}<\sqrt{5}$임을 알 수 있어요.

그럼 $\sqrt{15}$와 4를 비교하면 어떤 수가 더 클까요?

$4=\sqrt{16}$이고, $\sqrt{15}<\sqrt{16}$이므로 $\sqrt{15}<4$임을 알 수 있어요.

약속

제곱근의 대소 관계

$a>0$, $b>0$일 때

① $a<b$이면 $\sqrt{a}<\sqrt{b}$

② $\sqrt{a}<\sqrt{b}$이면 $a<b$

자, 이번에는 27의 제곱근을 생각해 볼까요?

물론 $\pm\sqrt{27}$이 되겠지요. 그러나 생각해 봐야 할 게 하나 있어요. $27=3^2\times3$이거든요!

따라서 $\pm\sqrt{27}=\pm\sqrt{3^2\times3}=\pm3\sqrt{3}$이 정확한 답이랍니다.

지금까지 여러분은 루트 안에 제곱이 있는 경우 밖으로 꺼내는 방법을 배웠어요. 그럼 이와 반대로 밖에 있는 수를 루트 안으로 들여보낼 수도 있을까요?

가령 $3\sqrt{2}$라는 수는 어떨까요? 루트 밖에 있는 3이 루트 안으로 들어가려면 3을 제곱하여 9로 변신한 다음에 2와 곱하여 $\sqrt{18}$이 되어 버립니다.

즉 $3\sqrt{2}=\sqrt{3^2 \times 2}=\sqrt{18}$이 되는 거예요!

4. 무리수는 어떤 수일까?

앞에서 우리는 제곱근의 수, 예를 들어 $\sqrt{2}$, $\sqrt{3}$, $\sqrt{5}$ …들이 무리수임을 배웠어요. 또 무리수와 유리수가 모여서 실수를 이루며, 이 수들은 수직선의 점들과 대응되면서 수직선을 빈틈없이 꽉 채운다는 사실도 알았어요.

그런데 무리수의 그룹에서 빼놓으면 서운해하는 수가 하나 있답니다. 바로 원주율 파이(π)예요. 파이(π)는 고대 그리스의 학자 아르키메데스가 역사상 처음으로 정확하게 근삿값이 $3\frac{10}{71}<\pi<3\frac{1}{7}$이라고 계산해 내었지요. 즉 $3.1408<\pi<3.1429$라고 말이에요. 그러나 중국의 조충지라는 사람은 아르키메데스보다 더 정확하게 계산을 했어요. 소수점 아래 일곱 번째 자리인 $3.1415926<\pi<3.1415927$로 계산을 했답니다. 또 스위스의 수학자 람베르는 π값을 소수점 이하의 수가 무한히 계속되는 무리수임을 증명했어요.

이렇게 원주율 π는 **무한소수**이면서 순환되지 않는 **비순환소수**이므로 무리수가 된답니다.

약속

$\sqrt{2}=1.41421356\cdots\cdots$

$\sqrt{3}=1.7320508\cdots\cdots$

$\sqrt{5}=2.2360679\cdots\cdots$

모두 무한소수이면서 비순환소수이므로 무리수이다.

다음에 나오는 제곱근 값은 계산기가 없었던 옛날에 근삿값을 암기하던 방법이랍니다. 마치 요술봉을 휘두르며 마법을 하는 것처럼 무척 신기해요! 자, 모두 주목!

$\sqrt{2} ≒ 1.414213$ (있네있네 둘일세)

$\sqrt{3} ≒ 1.73205$ (한칠삼 이영오)

$\sqrt{5} ≒ 2.236067$ (둘둘세엿 영육칠)

$\sqrt{6} ≒ 2.44949$ (이네사 구사구)

$\sqrt{7} ≒ 2.645751$ (이여네오 칠오일)

$\sqrt{8} ≒ 2.828427$ (이팔두팔 네두칠)

$\sqrt{10} ≒ 3.162277$ (세일여두 칠칠)

유리수가 아닌 수를 무리수라고 한다. 즉 무리수는 순환하지 않는 무한 소수로 표현되는 수를 가리킨다.

그럼 무리수에서 유리수를 빼면 유리수일까요, 아니면 무리수일까요? 예를 들어 한번 생각해 봐요.

우선 π에서 3을 빼 보세요.

$$\pi - 3 = (3.14159\cdots\cdots) - 3 = 0.14159\cdots\cdots$$

즉 무리수가 된답니다!

1. 유리수와 무리수를 통틀어 실수라고 말한다.
2. 실수의 분류

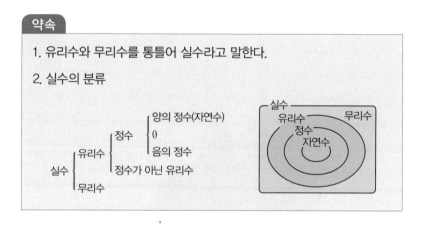

이번에는 무리수의 사칙연산에 대해 알아봐요. 가령, 유리수 a, b는 모두 분수꼴로 나타낼 수 있으므로 덧셈($+$)과 뺄셈($-$)은 통분해서 계산하면 역시 분수가 돼요. 곱셈($\times$), 나눗셈($\div$)의 결과도 마찬가지로 분수가 되므로 답은 유리수랍니다.

친구들은 그것을 당연하다고 생각하겠죠? 피타고라스도 '수는 곧 유리수'라고 생각했으니까요. 유리수끼리 아무리 계산해도 유리수이므로 다른 수를 생각할 필요가 없었던 거예요. 하지만 무리수는 그렇지가 않아요.

가령 $\sqrt{2}-\sqrt{2}=0$, $\sqrt{2}\times\sqrt{2}=2$는 유리수입니다. 유리수는 ＋, －, ×, ÷에 관해서 하나의 독립된 왕국이지만 무리수만의 왕국은 형성될 수가 없었어요.

그러나 무리수와 유리수를 합한 실수는 ＋, －, ×, ÷ 등 사칙계산을 자유롭게 할 수 있고, 유리수보다 큰 또 하나의 왕국이 될 수 있답니다.

5. 실수의 크기를 비교하자!

아래 그림을 한번 보세요. 언뜻 보기에는 차와 함께 먹다 남은 쿠키 같지만, 실은 고대 메소포타미아에서 수학책으로 사용했던 점토판 조각입니다. 이 점토판에는 옛날 고대 문자인 설형문자로 적은 숫자들이 있었어요. 이 숫자들과 모양을 수학적으로 나타내면 오른쪽과 같아요.

 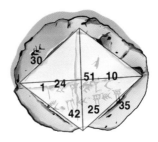

숫자가 좀 이상하다고요? 물론이지요. 메소포타미아인들은 60진법을 사용했거든요.

$$30 \qquad\qquad\qquad \cdots\cdots ①$$

$$1+\frac{24}{60}+\frac{51}{60^2}+\frac{10}{60^3} \qquad \cdots\cdots ②$$

$$42+\frac{25}{60}+\frac{35}{60^2} \qquad\qquad \cdots\cdots ③$$

$$①×②=30×\left(1+\frac{24}{60}+\frac{51}{60^2}+\frac{10}{60^3}\right)$$

$$=30+12+\frac{1530}{60^2}+\frac{5}{60^2}=42+\frac{1535}{60^2}$$

②를 소수로 고쳐서 더해 보면

$$②=1+0.4+0.0141\dot{6}+0.0000\dot{4}62\dot{9}≒1.414212962\cdots$$

즉 $\sqrt{2}=1.414213562\cdots$와 소수 다섯째 자리까지 같아요. 정말 놀랄 만큼 정확하답니다!

다시 말해서 ①×②≒③이고, ②는 한 변의 길이가 1인 정사각형의 대각선의 길이 $\sqrt{2}$를 나타내고 있어요.

이번에는 우리 친구들이 수직선 위에서 $2+\sqrt{2}$와 $2-\sqrt{2}$를 구해 볼 차례입니다. 다음 그림을 잘 보면 답을 찾는 데 도움이 될 거예요.

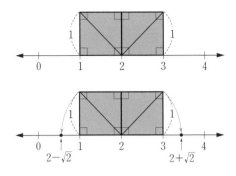

여기서 잠깐! $\sqrt{2}$와 $(-\sqrt{2})$를 구할 때는 원점을 중심으로 정사 각형을 그렸는데 이 그림은 좀 다르지요? 그게 바로 이 문제의 핵 심이랍니다!

먼저 2를 중심으로 한 변의 길이가 1인 정사각형을 그려 보세 요. 그다음에 대각선의 길이만큼 컴퍼스를 오른쪽으로 돌려서 수 직선과 만나는 점은 $2+\sqrt{2}$가 되고, 컴퍼스를 왼쪽으로 돌리면 $2-\sqrt{2}$가 된답니다.

약속

실수의 대소 관계 : a, b가 실수일 때

① $a-b>0$ 이면 $a>b$

② $a-b=0$ 이면 $a=b$

③ $a-b<0$ 이면 $a<b$

두 무리수 $\sqrt{3}$과 $\sqrt{5}$의 근삿값은 다음과 같아요. 이 두 수 사이에 있는 무리수를 3가지 정도 구해 볼까요?

$$\sqrt{3}=1.7320508\cdots$$

$$\sqrt{5}=2.2360679\cdots$$

이럴 때는 두 수의 근삿값을 가지고 생각해야 편리해요.

$$\sqrt{3}≒1.73, \ \sqrt{5}≒2.23$$

$$\sqrt{3}+0.1≒1.83$$

$$\sqrt{3}+0.11≒1.84$$

$$\sqrt{3}+0.3≒2.03$$

위 수들은 모두 2.23보다 작아서 $\sqrt{3}$과 $\sqrt{5}$ 사이의 무리수임을 알 수 있답니다.

6. 제곱근의 곱셈과 나눗셈은 어떻게 할까?

두 수 $\sqrt{2}\sqrt{3}$과 $\sqrt{2\times3}$은 어느 쪽이 더 클까요?

$\sqrt{2}\sqrt{3}$은 양수이고, 제곱하면 $(\sqrt{2}\sqrt{3})^2=(\sqrt{2}\sqrt{3})\times(\sqrt{2}\sqrt{3})=$
$(\sqrt{2})^2(\sqrt{3})^2=2\times3$이므로 $\sqrt{2}\sqrt{3}$은 2×3의 양의 제곱근이에요.

2×3의 양의 제곱근은 $\sqrt{2\times3}$이므로 $\sqrt{2}\sqrt{3}=\sqrt{2\times3}$이지요. 즉 두 수는 똑같답니다. 따라서 두 양수 a, b에 대하여 $\sqrt{a}\times\sqrt{b}$를 제곱하면 ab가 되므로 $\sqrt{a}\times\sqrt{b}$는 ab의 양의 제곱근인 $\sqrt{ab}$와 같아요.

이제 우리 친구들도 루트가 나와도 겁먹지 않고 자유롭게 계산할 수 있겠죠? 연습 문제를 직접 풀어 봐요.

먼저 $\sqrt{2}\sqrt{3}\sqrt{6}$을 풀면 어떻게 될까요?

앞에서는 두 수만 곱했는데 갑자기 세 수를 곱하라니 당황스럽나요? 걱정하지 마세요. 세 수를 곱하는 것도 원리는 모두 똑같답니다. 숫자들을 몽땅 루트 속에 집어 넣어서 곱하기만 하면 돼요.

$$\sqrt{2}\sqrt{3}\sqrt{6}=\sqrt{2\times3\times6}=\sqrt{36}$$

그런데 루트 안에 있는 36은 어떤 수죠? 맞아요. 제곱수예요. 이럴 때는 수가 루트 밖으로 나올 수 있어요.

즉 $\sqrt{36}=\sqrt{6^2}=6$이 되는 거지요.

이번에는 $\sqrt{18}$을 생각해 봐요. 앞에서 했듯이 루트 안의 수가 제

곱인 인수가 있을 때는 이것을 루트 밖으로 꺼내어 루트 안을 간단한 수로 나타낼 수 있어요.

$$\sqrt{18}=\sqrt{2\times 3^2}=\sqrt{2}\sqrt{3^2}=3\sqrt{2}$$로 말이지요.

또 반대로 $2\sqrt{5}$와 같은 무리수는 루트 밖의 양수를 제곱하여 루트 안으로 넣을 수도 있어요.

$$2\sqrt{5}=\sqrt{2^2}\sqrt{5}=\sqrt{2^2\times 5}=\sqrt{20}$$이 된답니다.

약속

제곱근의 곱셈

$a>0$, $b>0$인 실수일 때

① $\sqrt{a}\sqrt{b}=\sqrt{ab}$

② $\sqrt{a^2 b}=\sqrt{a^2}\sqrt{b}=a\sqrt{b}$

예를 들어 $\sqrt{3^2\times 5}$를 $a\sqrt{b}$의 꼴로 나타내어 볼까요?

$$\sqrt{3^2\times 5}=\sqrt{3^2}\sqrt{5}=3\sqrt{5}$$가 되어요.

그렇다면 $3\sqrt{5}$를 $\sqrt{a}$의 꼴로 나타내면?

바로 $3\sqrt{5}=\sqrt{3^2}\sqrt{5}=\sqrt{3^2\times 5}=\sqrt{45}$가 된답니다.

어때요? 어렵지 않지요? 지금까지는 제곱근의 수를 가지고 곱셈을 했어요. 이 다음에는 어떤 연산을 해야 할까요? 그야 당연히 나눗셈이겠지요!

가령 $\sqrt{2}\div\sqrt{3}$을 하려면 $\dfrac{\sqrt{2}}{\sqrt{3}}$의 분수꼴이 됩니다. 그런데 무리수를 무리수로 나눈다는 것이 좀 이상하지 않나요?

다시 말해서 $\dfrac{\sqrt{2}}{\sqrt{3}} = \dfrac{1.414\cdots}{1.732\cdots}$ 를 계산한다는 얘기이거든요.

그래서 생각해 낸 방법이 바로 분모를 유리수로 고치는 거랍니다. 원리는 분모의 제곱근과 똑같은 제곱근을 곱하는 것이죠!

이 문제의 경우, 분모에 $\sqrt{3}$이 있으니까 분모와 분자에 $\sqrt{3}$을 곱하기만 하면 돼요. 물론 분수의 크기에는 아무런 변화가 없어요. 단지 분모가 유리수로 되고, 분자만 무리수로 변신하는 것이랍니다. 정말 멋진 방법이지 않나요!

$$\frac{\sqrt{2}}{\sqrt{3}} = \frac{\sqrt{2}\sqrt{3}}{\sqrt{3}\sqrt{3}} = \frac{\sqrt{6}}{3}$$

자, 이번에는 $a>0,\ b>0$이고, $\dfrac{\sqrt{a}}{\sqrt{b}}$ 의 계산을 할 때, 분모를 유리수로 만들지 말고, 분수를 제곱하면 어떻게 되는지 생각해 봅시다.

위와 똑같은 분수 $\dfrac{\sqrt{2}}{\sqrt{3}}$를 제곱해 보면

$$\left(\frac{\sqrt{2}}{\sqrt{3}}\right)^2 = \frac{\sqrt{2}}{\sqrt{3}} \times \frac{\sqrt{2}}{\sqrt{3}} = \frac{(\sqrt{2})^2}{(\sqrt{3})^2} = \frac{2}{3}$$

$\dfrac{\sqrt{2}}{\sqrt{3}}$는 $\dfrac{2}{3}$의 양의 제곱근이고, $\dfrac{2}{3}$의 양의 제곱근은 $\sqrt{\dfrac{2}{3}}$이므로 $\dfrac{\sqrt{2}}{\sqrt{3}} = \sqrt{\dfrac{2}{3}}$가 되어요.

사실 곱셈과 별 차이가 없다는 걸 알 수 있겠지요?

즉 두 양수 a, b에 대하여 $\dfrac{\sqrt{a}}{\sqrt{b}}$를 제곱하면 $\dfrac{a}{b}$가 되므로 $\dfrac{\sqrt{a}}{\sqrt{b}}$는 $\dfrac{a}{b}$의 양의 제곱근인 $\sqrt{\dfrac{a}{b}}$와 같아요.

약속

제곱근의 나눗셈

$a > 0$, $b > 0$일 때 $\dfrac{\sqrt{a}}{\sqrt{b}} = \sqrt{\dfrac{a}{b}}$

근호를 포함한 **식의 곱셈**은 **곱셈 공식**을 이용하여 계산하면 편리해요. 가령 $(\sqrt{11}+5)(\sqrt{11}-5)$의 계산은 분배법칙을 이용하여 식의 곱셈을 하듯이 다음처럼 간단히 할 수 있어요.

$$(\sqrt{11}+5)(\sqrt{11}-5) = (\sqrt{11})^2 - 5^2 = 11 - 25 = -14$$

7. 분모의 유리화가 뭘까?

분수를 계산할 때, 분모에 루트가 있으면 앞에서 어떻게 했지요? 분모의 제곱근과 똑같은 제곱근을 곱하여 루트를 없애 버렸어요. 왜 그런 일을 했을까요?

무리수를 무리수로 나눈다는 것도 이상한 일이지만 계산하면서 분모의 루트를 계속 끌고 다니는 일이 아주 불편하기 때문이에요. 그래서 가급적 분모의 루트를 없애는 게 좋답니다.

이처럼 분모의 무리수를 유리수로 만드는 일을 **분모의 유리화**라고 불러요. 분모를 유리로 만드는 것이 아니라 유리화有理化! 다시 말해서 루트를 벗겨 무리수를 유리수로 변신하도록 만드는 방법이랍니다.

약속

분수의 분모에 근호가 있을 때 분모, 분자에 0이 아닌 같은 수를 곱하여 분모를 유리수로 고치는 것을 분모의 유리화라고 한다.

$\dfrac{\sqrt{2}}{\sqrt{5}}$ 의 분모를 유리수로 만들려면 무엇을 곱해야 할까요?

바로 분모의 무리수를 한 번 더 곱하여서 간단히 계산하면 된답니다.

$$\frac{\sqrt{2}}{\sqrt{5}} = \frac{\sqrt{2}\sqrt{5}}{\sqrt{5}\sqrt{5}} = \frac{\sqrt{10}}{5}$$

8. 제곱근의 덧셈과 뺄셈은 어떻게 할까?

2학년 때 여러분은 다항식의 계산을 배웠어요. 예를 들어 아래 문제에는 교환법칙과 결합법칙이 사용되었어요.

$$3a+2b-a+5b=(3a-a)+(2b+5b)=2a+7b$$

근호가 있는 식을 계산할 때에도 위와 마찬가지 방법을 사용하면 문제없답니다.

가령 $6a-3a+5a=(6-3+5)a=8a$가 돼요. 여기에서 a 대신에 $\sqrt{2}$를 넣어 보면 $6\sqrt{2}-3\sqrt{2}+5\sqrt{2}=(6-3+5)\sqrt{2}=8\sqrt{2}$가 됩니다.

즉 근호를 포함한 식의 덧셈과 뺄셈은 근호를 마치 문자처럼 생각하고, 다항식의 덧셈과 뺄셈에서 **동류항끼리** 계산하는 것과 같은 방법으로 하면 돼요.

또 덧셈, 뺄셈, 곱셈, 나눗셈이 섞여 있을 때에는 **곱셈과 나눗셈을 먼저** 계산하고, **괄호**가 있을 때에는 분배법칙을 이용하여 괄호를 푼 다음 계산한답니다. 다른 일반식의 계산과 똑같이 하면 돼요. 어때요? 할 만 하겠죠?

9. 고마운 기호

우리 친구들 중에는 기호가 너무 많아서 수학이 싫다는 사람도 있을 거예요. 기호는 하나의 약속이지만 처음 대할 때는 뚱딴지 같아 보이는 것도 사실이에요.

하지만 $\sqrt{2}$ 대신 '2의 제곱근'이라고 일일이 말로 설명한다고 생각해 보세요. 얼마나 번거롭겠어요? 그러니까 $\sqrt{}$ 기호가 매우 고마운 기호라는 사실을 꼭 기억해야 한답니다.

오선지 위에 그려진 콩나물 같은 기호가 음악의 기호이듯이, 수학도 고유의 기호를 가지고 표현해요. 여러분은 초등학교 때 '하나 더하기 하나는 둘'을 '$1+1=2$'라고 써 왔어요. 이때 숫자 1, 2, 3도 기호랍니다. 이렇게 수학은 기호로 되어 있기 때문에 신속하게 생각할 수 있는 장점을 가지고 있어요.

예를 들어 차를 타고 고속도로를 달리다 보면 다음과 같은 여러 가지 기호를 볼 수 있어요.

만일 이 내용을 글로 썼더라면 어떤 상황이 벌어질까요?

시속 100 km의 속력으로 달리는 운전자는 미처 문장을 다 읽기도 전에 주유소를 지나치게 되어 연료 부족으로 위급한 상황이 발생할 수도 있고, 화장실이 급한 사람들은 정말 낭패를 보겠지요?

또한 요즘은 IT 시대로 대부분 스마트폰을 가지고 있어요. 스마트폰 화면에는 문장이 거의 없는 대신 한눈에 알아볼 수 있는 기호와 그림들이 가득 차 있어요. 이제는 기호가 없다면 살아가기 힘든 시대가 되었답니다.

수학은 기호의 학문이며, 심지어 기호만으로 구성하는 기호 수학과 암호 수학이 발전해 IT 시대의 선구자 역할을 하고 있어요.

세상에서 가장 빠른 건 빛의 속도라고 하지만 인간의 두뇌는 한순간에 은하수의 끝까지 생각을 뻗칠 수 있어요. 수학은 이처럼 빠른 뇌가 작용하는 분야이므로 내용을 기호화할 수밖에 없지 않았을까요?

개념다지기 문제 1 19세기경 조선 시대의 산학자 홍길주는 제곱근을 '나눗셈과 뺄셈'만으로 풀었어요. 그의 독특한 풀이법을 잠시 살펴보고, 이 풀이법에 따라 25의 제곱근을 구해 봅시다.

① 구하려는 수를 반으로 나눕니다.
② 나눈 값을 1부터 오름차순으로 차례대로 빼고 음수가 나오기 전까지 계속합니다.
③ 음수가 나오기 전 마지막 수를 2배하고 음수가 나오게 하는 수를 빼 줍니다.
④ ③의 계산 결과가 0이면 음수가 나오게 하는 그 수가 제곱근입니다.
예를 들어, 16의 경우 반으로 나누면 8입니다.
　$8-1=7$이 되고
　$7-2=5$가 되며

5−3=2가 됩니다.

⑤ 2−4를 하면 음수가 되므로 이때 뺄셈을 멈춥니다. 그런 다음 2를 2배하면 4가 되고 음수가 나오게 한 수 4를 빼줍니다. 4−4=0이므로 음수가 나오게 한 수 4가 제곱근이 되어요. 즉 '16의 제곱근은 4'라고 말합니다.

풀이 먼저 25를 반으로 나누면 12.5이고, 그 값을 1부터 오름차순으로 차례대로 빼 나가요.

$$12.5-1=11.5$$
$$11.5-2=9.5$$
$$9.5-3=6.5$$
$$6.5-4=2.5$$

2.5에서 5를 빼면 음수가 되므로 여기에서 뺄셈을 멈춥니다. 2.5의 2배는 5이고, 이 수에서 음수를 만드는 수 5를 빼면 0이므로 25의 제곱근은 5가 된답니다.

개념다지기 문제 2 프랑스의 어떤 교수는 실험 과정에서 "유리창에 생긴 균열의 패턴이나 개수는 충돌 속도의 제곱근에 비례한다."는 사실을 알아내었어요. 이 원리에 따라 작은 돌멩이를 시속 $80\,km$로 달리는 자동차 A의 유리창에 던졌다면, 그때 생긴 균열의 개수는 시속 20 km로 달리는 자동차 B의 유리창에 생긴 균열의 개수의 몇 배인지를 구하여 봅시다.

풀이 균열의 개수는 충돌 속도의 제곱근에 비례하므로 자동차 A와 B의 균열의 개수의 비는 $\sqrt{80}:\sqrt{20}=4\sqrt{5}:2\sqrt{5}=2:1$입니다. 그러므로 시속 80 km로 달리는 자동차 A의 유리창에 생긴 균열의 개수는 시속 20 km로 달리는 자동차 B의 유리창에 생긴 균열의 개수의 2배가 됩니다.

개념다지기 문제 3 달리던 자동차들이 충돌할 경우 자동차는 급브레이크를 밟거나 회전하면서 도로면에 검은 타이어 자국을 만들어요. 이 자국은 블랙 마크black mark 또는 스키드 마크skid mark라고 불려요. 이 자국의 길이는 도로의 상태와 자동차의 속력에 따라 달라진답니다. 건조한 날의 자동차의 속력을 시속 y km, 스키드 마크의 길이를 x m라 할 때 $y=15.9\sqrt{0.8x}$입니다. 마크의 길이가 20m일 때의 자동차의 속력을 구해 봅시다.

풀이 20m의 스키드 마크 자국을 남긴 자동차의 속력은
$y=15.9\sqrt{0.8\times20}=15.9\sqrt{16}=15.9\times4=63.6\text{(km/시)}$입니다.

제2장
인수분해

1. 인수분해가 무엇일까?

이 단원에서는 먼저 '식에서 도형'을 생각하고, 그다음에 '도형에서 식'을 추론해 볼 거예요.

$6 = 3 \times 2$로 분해되듯이, 한 정수를 곱셈 모양으로 분해하는 것을 인수분해라고 해요.

다음 그림에서 사각형 2개의 넓이의 합은 ab와 ac를 더하여 $ab+ac$가 되었어요. 그런데 오른쪽 그림만 보고 넓이를 구해 보면 $a(b+c)$가 되어요.

즉 가로의 길이가 $b+c$, 세로의 길이가 a인 직사각형의 넓이랍니다. 우리가 구한 두 값은 같아야 하므로 다음의 식을 얻을 수 있어요.(여기까지가 중학교 1학년 수준!)

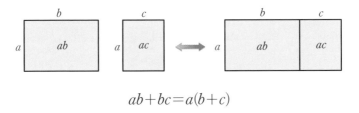

$$ab+bc=a(b+c)$$

이제 한 단계 더 나아가 봐요. 다음 그림에서 각 사각형의 넓이를 구하고, 크기를 비교해 봐요.

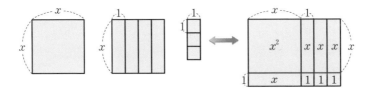

가장 왼쪽의 큰 정사각형의 넓이는 x^2

4등분된 사각형의 넓이는 $4(x \times 1) = 4x$

꼬마 정사각형 3개의 넓이는 3

즉 정사각형들을 모두 합한 전체 넓이는 $x^2 + 4x + 3$이 되어요.

자, 그럼 이 조각들을 퍼즐처럼 한번 붙여 봅시다. 희한하게도 맨 오른쪽 그림처럼 커다란 직사각형 모양으로 빈틈없이 딱 들어맞았어요. 오른쪽에 있는 큰 사각형의 넓이를 구하면, 가로는 $x+3$이고, 세로는 $x+1$이므로 넓이는 $(x+3)(x+1)$이 되어요.

화살표 왼쪽 부분의 면적과 오른쪽 부분의 면적, 두 면적이 같아야 하므로 $x^2 + 4x + 3 = (x+3)(x+1)$이 된답니다. 즉 2차식이

2개의 1차식으로 분해된 것이에요. 이것이 바로 **인수분해**랍니다.

그런데 앞의 문제를 다음과 같이 생각할 수도 있어요.

기다란 직사각형 3개를 합한 넓이는 $3x$, 꼬마 정사각형 3개를 합한 넓이는 3 그리고 나머지 기다란 직사각형 1개의 넓이는 x예요. 이 사각형들을 모두 붙이면 아래의 오른쪽과 같은 사각형이 되어요. 그리고 왼쪽의 표에서 가로와 세로를 각각 곱해 보면

$$(x+3) \times x = x^2 + 3x$$
$$(x+3) \times 1 = x+3$$

이 둘을 더하면 $(x^2+3x)+(x+3)=x^2+4x+3$이 된답니다.

	$x+3$
x	x^2+3x
1	$x+3$
	x^2+4x+3

즉 2차식을 인수분해하는 것은 직사각형을 가로와 세로로 분해하는 것과 같은 이치랍니다.

2. 다항식의 계산 다시 살펴보기

여러분은 2학년 때 단항식과 다항식이 무엇인지, 단항식×단항식, 단항식×다항식, 다항식×다항식, 다항식÷단항식 등에 대해 배웠어요. 잠깐 기억을 되살려 볼까요?

(1) 단항식×다항식

$$3x(2x-5)=3x\times 2x+3x\times(-5)\ (\because 분배법칙을\ 사용)$$
$$=6x^2-15x$$

(2) 다항식÷단항식

$$(25x^2-15xy)\div\frac{5}{2}x$$
$$=(25x^2-15xy)\times\frac{2}{5x}$$
$$=25x^2\times\frac{2}{5x}-15xy\times\frac{2}{5x}$$
$$=10x-6y$$

> 나눗셈을 곱셈으로 바꾸면 분수가 역수로!
>
> $$\frac{5}{2}x=\frac{5x}{2}\ \rightarrow\ \frac{2}{5x}$$

(3) 다항식×다항식: 2항×2항일 때

$$(5x+4)(x-2)$$
$$=5x\times x+5x\times(-2)+4\times x+4\times(-2)\ (\because 분배법칙)$$
$$=5x^2-10x+4x-8=5x^2-6x-8$$

(4) 다항식×다항식: 2항×3항일 때

$$(3x+1)(x-y+2)$$

$$=3x \times x + 3x \times (-y) + 3x \times 2 + 1 \times x + 1 \times (-y) + 1 \times 2$$
$$=3x^2 - 3xy + 6x + x - y + 2$$
$$=3x^2 - 3xy + 7x - y + 2$$

이 단원에서는 식의 전개를 기초로 인수분해를 정복해 봐요!

3. 전개공식 되돌아보기

인수분해를 공략하기 전에 우선 할 것은 '식의 전개'를 확실하게 다지는 것이죠. 왜 식의 전개를 또 복습하냐고요? 눈치 빠른 친구들은 알아차렸을 것 같아요. 바로 식의 전개를 거꾸로 생각하는

것이 인수분해니까요!

식의 전개는 한마디로 분배법칙을 이용하여 일일이 곱셈을 한 후에 동류항끼리 덧셈을 하여 정리하는 방법이었어요.

(1) $(a+b)^2=(a+b)(a+b)=a^2+ab+ba+b^2=a^2+2ab+b^2$

(2) $(a-b)^2=(a-b)(a-b)=a^2-ab-ba-b^2=a^2-2ab+b^2$

　　($\because$ 곱셈에서는 교환법칙이 성립하므로 $ab=ba$)

(3) $(x+a)(x+b)=x^2+bx+ax+ab=x^2+(a+b)x+ab$

　　($\because$ bx, ax는 동류항이므로 괄호로 묶어요.)

(4) $(a+b)(a-b)=a^2-ab+ba-b^2=a^2-b^2$

　　($\because$ $-ab+ba=0$)

중간 과정은 잊어버리더라도 다음 4가지 공식은 반드시 암기를 해야 합니다. 그래야 인수분해가 쉬워지거든요.

약속

4종 전개공식

(1) $(a+b)^2=a^2+2ab+b^2$　　(2) $(a-b)^2=a^2-2ab+b^2$

(3) $(a+b)(a-b)=a^2-b^2$　　(4) $(x+a)(x+b)=x^2+(a+b)x+ab$

공식을 외우지 않고 수학 문제를 풀 수 있는 방법은 없냐고 따지는 친구들도 있어요. 그 친구들을 위해 뒷 장에 두 가지 방법을 비교하여 풀어 놓았어요. '전개공식'을 암기하여 푸는 방법과 분배

법칙을 사용하는 방법을 비교해 보세요.

　왼쪽에서는 암기한 공식에 곧바로 대입하여 풀었고, 오른쪽에서는 분배법칙을 사용하여 풀었어요. 둘을 비교해 보니 왜 공식을 암기해야 하는지 알 수 있을 거예요. 공식을 이용하여 풀면 편리하면서도 빠르게 문제를 풀 수 있답니다. 예로 든 문제가 비교적 간단해서 별 차이를 못 끼낄 수도 있어요. 하지만 문제가 복잡할수록 공식의 필요성을 절실히 깨닫게 된답니다!

공식으로 전개	분배법칙으로 전개
① $(x+4)^2$	① $(x+4)(x+4)$
$=x^2+2\times x \times 4+4^2$	$=x^2+4x+4x+16$
$=x^2+8x+16$	$=x^2+8x+16$
② $(y-3)^2$	② $(y-3)(y-3)$
$=y^2-2\times y \times 3+(-3)^2$	$=y^2-3y-3y+9$
$=y^2-6y+9$	$=y^2-6y+9$
③ $(a+4)(a-4)=a^2-4^2$	③ $(a+4)(a-4)$
$=a^2-16$	$=a^2-4a+4a-16$
④ $(x+5)(x-2)$	$=a^2-16$
$=x^2+(5-2)x+5\times(-2)$	④ $(x+5)(x-2)$
$=x^2+3x-10$	$=x^2-2x+5x-10$
	$=x^2+3x-10$

ㄴ. 전개공식을 응용하는 법

예를 들어 $(2x+y+3)^2$을 전개하라고 할 때 어떻게 해야 할까요? 앞에서 외운 4종 전개공식으로 풀 수 있을까요?

우리 친구들 중에는 공식으로 풀 수 없다고 성급하게 답하는 사람도 있을지 몰라요. 그런데 여러분은 여기에서 한 단계 더 나아가야 해요. 바로 그 공식들을 가지고 응용하는 법을 배워야 한답니다. 아마 응용하는 것 때문에 수학이 싫다고 하는 학생들도 많을 거예요. 하지만 똑같은 상황에서도 "할 수 있다"는 자신감을 가지고 할 때와 "내가 과연 할 수 있을까?"라고 반신반의할 때 그 결과는 엄청난 차이를 가져온답니다.

$(2x+y+3)^2$의 문제는 항이 3개이므로 여러분이 외운 공식을 활용하려면 우선 항의 수를 2개로 만들어야 해요.

문제의 핵심은 바로 이것! 2개의 항을 하나의 문자로 바꾸어 놓는 것이죠. 즉 $2x+y=A$로 바꾸어 놓으면 $(A+3)^2=A^2+6A+9$가 됩니다. 하지만 여기에서 끝나는 것이 아니에요.

$2x+y=A$로 바꾸어 놓았기 때문에, 다시 말해서 **치환**을 했으므로 원래의 식에 다시 대입해야 해요.

$$(2x+y)^2+6(2x+y)+9=4x^2+4xy+y^2+12x+6y+9$$

어때요? 항이 3개여도 문제없지요?

이번에는 $(x+y+1)(x+y-5)$를 생각해 봅시다.

이럴 때는 $x+y$를 A로 놓는 게 좋아요.

$$(\text{주어진 식})=(A+1)(A-5)=A^2-4A-5$$
$$=(x+y)^2-4(x+y)-5$$
$$=x^2+2xy+y^2-4x-4y-5$$

여기에서는 동류항이 하나도 없으므로 더는 정리할 것이 남아 있지 않아요.

그렇다면 $(x-y+1)(x+y-1)$을 전개하려면 무엇을 A로 치환하는 게 좋을까요? 여기서는 $(x-y)$를 A로 놓을 수도 없고, $(x+y)$를 A로 놓을 수도 없어요!

핵심은 앞에 있는 x, y에만 주목하지 말고, 뒤에 있는 y와 숫자도 생각해 보는 거예요.

즉 $(y-1)=A$로 치환하는 거지요.

다시 말해서 식은 $(x-(y-1))(x+(y-1))$이 되고,

$$(x-A)(x+A)=x^2-A^2=x^2-(y-1)^2$$
$$=x^2-y^2+2y-1$$

여러분이 이 정도로 식의 전개를 할 수 있다면, 앞으로 인수분해 공부는 별 어려움 없이 해 낼 수 있을 거예요!

5. 인수분해 개념 확장하기

과학을 연구하는 방법에서 가장 중요한 것은 연구 대상을 '분석하고 종합하는 것'이에요. 가령 큰 건물을 건설하려면 돌을 시멘트 가루로 분해해야 하고, 커다란 나무를 일정한 규격에 맞는 크기로 절단하여야만 건축의 재료로 사용할 수 있어요. 자연 상태의 돌과 나무로는 거대한 건축을 할 수 없으니까요.

'분석과 종합'이 기막히게 잘 이루어진 것으로는 우리의 한글을 꼽을 수 있답니다. 한글은 영국 옥스퍼드대학의 언어학 대회에서 1위를 차지한 적이 있고, 2012년 세계문자올림픽대회에서 금메달을 받기도 했어요. 한글이 독창적이며 합리적이고, 또 과학적이라는 이유에서였지요.

한글이 과학적인 문자로 평가받는 이유는 음을 음소까지 분해하고 필요에 따라 재구성하기 때문이에요. 가령 '가' 음은 'ㄱ과 ㅏ'로 분해하고 다시 '가'로 합할 수 있어요. 또한 우리 한글은 어떤

음도 자유롭게 표기할 수 있는데 무려 1만 1,000개의 소리를 표현할 수 있다고 하지요.

수학을 공부하면 과학 연구를 할 때 꼭 필요한 '분석하는 힘'을 기를 수 있어요. 예를 들어 도형에서는 곡선을 점으로 분석하고, 또 곡선의 모양은 여러 가지 함수와 연관시켜 분석하고 파악하게 돼요.

이미 여러분은 수를 공부할 때 소수가 무엇인지 배웠고, 소수를 이용해 합성수를 분해하는 방법인 소인수분해까지 알게 됐어요. 다음 장에서는 이차방정식과 이차함수를 배울 예정인데, 이는 모두 '분석과 종합'이라는 과학적 방법을 훈련하는 과정이라고 말할 수 있답니다.

여기서 학습하는 〈식의 전개 ↔ 인수분해〉를 양방향으로 이해하여 능숙하게 문제를 척척 풀게 되면, 여러분은 자기도 모르는 사이에 수학 실력이 쑥쑥 자란 것을 알게 될 거예요.

생각 열기

약수와 인수

8의 약수는 무엇일까요? 8의 약수는 1, 2, 4, 8이지요. 그런데 약수 4개는 모두 8을 나누는 수입니다. 그래서 약수는 8의 인수라고도 말합니다. 수에서는 인수와 약수가 똑같은 뜻이지만, 식에서는 약수가 없으므로 인수라는 단어를 사용해요.

예를 들어 $2xy$를 나누는 인수를 구해 봐요.

$2xy = 2 \times xy$, $2x \times y$, $2y \times x$, $2xy \times 1$과 같이 곱셈의 꼴로 생각할 수 있어요. 이때 곱셈을 이루는 2, xy, $2x$, y, $2y$, x, $2xy$, 1이

모두 $2xy$의 인수인 셈이지요.

즉 인수분해因數分解란 인수를 가지고 곱의 모양으로 분해하는 것으로, 덧셈과 뺄셈으로 연결된 전개식을 곱셈의 식으로 변환시키는 방법이에요.

예를 들어 식 $2x+6y-4$를 생각해 봐요.

각각의 항을 따로 떼어서 인수를 구해 보면

$2x$의 인수 : 2, x, $2x$

$6y$의 인수 : 2, 3, 6, y, $2y$, $3y$, $6y$

-4의 인수 : 2, -2, 4, -4

이때 1은 $2x$, $6y$, -4 모두의 인수가 되므로 무시해도 좋아요. 대신 3개 항에 공통으로 들어 있는 인수를 구한다면?

바로 2를 선택해야 하지요. 이처럼 공통으로 가지고 있는 인수를 공통인수라고 부른답니다.

한 문제 더 풀어 볼까요?

$5x+15xy$의 공통인수는 무엇일까요?

$5x$의 인수 : 5, x, $5x$

$15xy$의 인수 : 3, 5, 15, x, $3x$, $5x$, $15x$, y, $3y$, $5y$, $15y$, xy, $3xy$,

$5xy$, $15xy$

따라서 공통인수는 5, x, $5x$입니다. 위 문제를 공통인수 중에서 가장 큰 공통인수 $5x$로 묶어 주고 나면 $5x+15xy=5x(1+3y)$로 인수분해가 되어요.

그런데 생각보다 $15xy$의 인수가 너무 많아서 인수분해하는 것을 싫증내기가 쉬워요. 이렇게 번거롭게 인수를 일일이 나열하지 말고 공통인수를 구하는 효과적인 방법이 없을까요?

바로 숫자는 숫자끼리 비교하여 최대공약수를 구하고, 문자는 공통으로 곱해진 것을 구하면 된답니다. 공통인수를 앞으로 빼낸 후에, 남는 것을 괄호로 묶으면 인수분해가 끝나요.

예를 들어 다음 식에서 공통인수를 구해 봐요.

(1) $3a-9=3\times a-9\times3-3(a-3)$. 공통인수는 3

(2) $2x^2+8x=2x(x+4)$: 공통인수는 $2x$

(3) $xy-3x^2y+9xy^2=xy(1-3x+9y)$: 공통인수는 xy

개념다지기 문제 오른쪽 도형은 새로 주문 받은 맞춤형 씽크대 디자인입니다. 직사각형 4개의 모양으로 이루어진 씽크대 문을 제작하는 데 필요한 합판의 넓이를 구해 보세요.

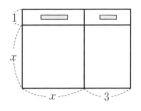

풀이 먼저 작은 직사각형 합판 4개의 넓이를 구한 후, 전체 합판의 넓이와 비교해 봐요.

(1) 문짝 4개의 넓이를 구해 보면, 왼쪽 위와 아래는 각각 $1 \times x$와 x^2이고, 오른쪽 위와 아래는 각각 1×3과 $x \times 3$이므로 넓이의 합은 $x + x^2 + 3 + 3x$입니다. 보기 좋게 정리하면 $x^2 + 4x + 3$이 되지요.

(2) 이번에는 큰 직사각형에 주목해 봐요.

가로가 $x + 3$이고, 세로가 $x + 1$이 되므로 직사각형 전체의 넓이는 $(x+3)(x+1)$이 되어요.

위의 두 가지 방법으로 구한 (1)과 (2)의 식이 같아야 하므로 $x^2 + 4x + 3 = (x+3)(x+1)$임을 알 수 있어요. 지금 바로 구한 식이 2차식을 인수분해한 것이랍니다.

약속

하나의 다항식을 두 개 이상의 다항식의 곱으로 나타낼 때, 각각의 식을 처음 다항식의 인수라고 하며, 인수들의 곱으로 나타내는 것을 '인수분해한다'라고 말한다.

6. 인수분해 공식 1

지금까지는 식의 전개에서 매우 중요한 공식 4개를 암기했어요. 수학 공식도 큰 소리로 입으로 소리 내어 암기하면 기억이 오래간다는 것쯤은 여러분도 잘 알고 있죠?

(1) $(a+b)^2=a^2+2ab+b^2$

(2) $(a-b)^2=a^2-2ab+b^2$

(3) $(x+a)(x+b)=x^2+(a+b)x+ab$

(4) $(a+b)(a-b)=a^2-b^2$

위와 같이 왼쪽의 곱셈을 오른쪽과 같이 풀어나가는 것을 **전개**라고 해요. 반대로 오른쪽의 식을 왼쪽과 같이 곱으로 나타내는 것이 **인수분해**랍니다.

$$(좌변) \xleftarrow{\text{인수분해}} \xrightarrow{\text{전개}} (우변)$$

그러므로 우리는 전개공식에서 다음과 같은 인수분해 공식을 쉽게 얻을 수 있어요.

약속

인수분해 공식 1

(1) $a^2+2ab+b^2=(a+b)^2$ (2) $a^2-2ab+b^2=(a-b)^2$

위와 같이 인수분해 된 꼴, $(a+b)^2$과 $(a-b)^2$을 **완전제곱**이라고 불러요. 그런데 식을 완전제곱으로 만들려면 다음 조건을 만족시켜야 해요.

① 머리항과 꼬리항의 부호는 양($+$)이다.

② 머리항과 꼬리항은 제곱이 되어야 한다.

③ 가운데항은 머리와 꼬리의 제곱근을 곱한 값의 2배이다.

④ 가운데항이 $+$이면 $(a+b)^2$, $-$이면 $(a-b)^2$으로 된다.

$$a^2 \quad \pm \quad 2ab \quad + \quad b^2$$

머리항 　　　가운데항　　꼬리항
($+$) 　　　　　　　　　　($+$)

예를 들어 $x^2+8x+16$을 생각해 봐요.

$$x^2+8x(=2\times x \times 4)+16(=4^2)$$

머리항 　　　가운데항 　　　꼬리항

따라서 $x^2+8x+16=(x+4)^2$으로 완전제곱식이 되어요.

약속

$(a\pm b)^2$과 같이 제곱으로 표시되는 식을 완전제곱식이라고 부른다.

다음과 같은 식도 완전제곱식으로 고칠 수 있을까요?

$9x^2-12xy+4y^2$을 완전제곱식으로 고치려면 앞에서 설명한 4단계를 확인해 봐야 해요.

① 머리항과 꼬리항의 부호는 $+$이므로 통과!

② 머리항은 $9x^2=(3x)^2$이고, 꼬리항은 $4y^2=(2y)^2$이므로 제곱이 되어서 통과!

③ 가운데항 $12xy=2\times3x\times2y$이고 머리와 꼬리의 제곱근을 곱한 값의 2배가 되었으므로 통과!

④ 가운데항의 부호는 $-$이므로 통과!

따라서 $9x^2-12xy+4y^2=(3x-2y)^2$이 된답니다.

7. 인수분해 공식 2

2차식 x^2+3x+2를 인수분해해 봐요.

이 문제는 앞에서 풀었던 $x^2+8x+16$과 어떻게 다를까요?

이 문제 역시 머리항과 꼬리항은 $+$예요. 그런데 머리항은 제곱이지만 꼬리항은 제곱이 아니에요. 그러니 완전제곱식으로 고치는 것은 불가능하답니다! 그렇다면 이럴 때는 어떻게 인수분해를 해야 할까요?

2차식 x^2+3x+2는 x^2+px+q의 꼴이라고 말하는데 완전제곱식과는 달라요. 인수분해를 쉽고도 빨리 하려면 첫째, 완전제곱이 되는지, 안 되는지를 판별하고 둘째, 다음과 같이 순서도에 따라 판단하면 편리하답니다.

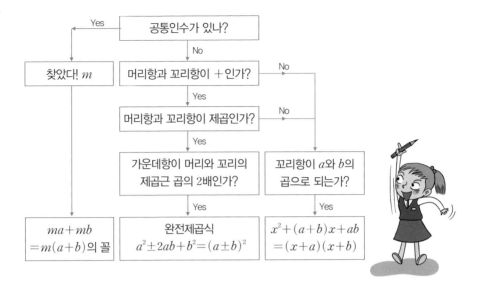

우리는 다음 인수분해 공식을 또 얻을 수 있어요.

인수분해 공식 2

$x^2+(a+b)x+ab=(x+a)(x+b)$

예를 들어 $x^2-8x+15$를 인수분해해 봐요.

앞의 순서도에 따르면 머리항은 +이면서 제곱이고, 꼬리항은 +이지만 제곱이 아니므로 완전제곱은 불가능! 그러므로 곱이 15가 되는 두 정수를 찾아야 해요.

곱이 15인 두 정수	1, 15	−1, −15	3, 5	−3, −5
두 정수의 합	16	−16	8	−8

위 표처럼 모두 4가지 경우가 생겨요. 그러나 가운데항이 -8이므로 합이 -8이 되는 -3과 -5를 선택해야 해요.

즉 $x^2-8x+15=(x-3)(x-5)$로 인수분해 된답니다.

8. 인수분해 공식 3

곱셈공식 $(a+b)(a-b)=a^2-b^2$에서 좌변과 우변을 서로 바꾸어 다음과 같은 인수분해 공식을 얻습니다.

약속

인수분해 공식 3

$a^2-b^2=(a+b)(a-b)$

공식 3은 2개의 항으로 된 2차식으로, 머리항과 꼬리항만 있으며 모두 제곱의 꼴이지요. 하지만 실제로 문제를 풀다 보면 다음과 같이 5가지 유형의 문제를 접하게 됩니다.

$$x^2-4,\ x^2+4,\ x^2-3,\ x^2+3,\ 2x^2-6$$

어휴, 복잡하다고요? 아니에요. 다음과 같이 순서도를 생각하면 논리적이고 체계적으로 분류하면서 쉽게 해결할 수 있어요.

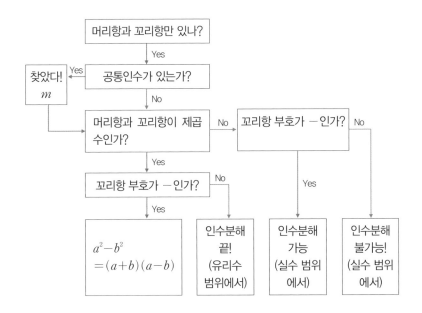

(1) 먼저 $x^2 - 4$를 풀어 봐요.

머리항과 꼬리항만 있고 공통인수는 없어요. 그다음 머리항과 꼬리항이 제곱수인가요? 예, 제곱수가 맞고 꼬리항의 부호는 마이너스예요. 따라서 $x^2 - 4 = (x+2)(x-2)$로 인수분해되어요.

(2) $x^2 + 4$의 인수분해는? 머리항과 꼬리항만 있고, 공통인수는 없어요. 머리항과 꼬리항도 제곱수예요. 아! 그런데 꼬리항의 부호가 플러스네요. 따라서 유리수 범위에서 인수분해는 끝이랍니다. 더는 할 필요가 없어요!

(3) $x^2 - 3$의 인수분해는? 머리항과 꼬리항만 있고, 공통인수는

없어요. 머리항과 꼬리항이 제곱수인가요? 아닙니다. 그리고 꼬리항의 부호가 음수이므로 유리수 범위에서 인수분해는 끝입니다. 하지만 실수 범위로 확장을 하면, 즉 무리수 범위 내에서는 인수분해가 가능하지요. 즉 $x^2 - 3 = (x + \sqrt{3})(x - \sqrt{3})$이 되어요.

(4) $x^2 + 3$의 인수분해는? 머리항과 꼬리항만 있고, 공통인수는 없어요. 머리항과 꼬리항이 제곱수인가요? 아닙니다. 또 꼬리항의 부호는 음수인가요? 아니에요. 따라서 인수분해는 실수 범위에서도 불가능해요. 더는 할 필요가 없답니다!

(5) 이제 마지막으로 공통인수가 있는 $2x^2 - 6$을 풀어 봐요. 다음과 같은 흐름도에 의해 $2x^2 - 6 = 2(x^2 - 3) = 2(x + \sqrt{3})(x - \sqrt{3})$으로 인수분해가 된답니다.

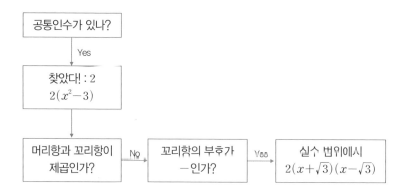

몇 가지 문제를 더 풀어 보면 다음과 같아요.

$$a^2-36=a^2-6^2=(a+6)(a-6)$$
$$x^2-25=(x+5)(x-5)$$

이와 같은 인수분해 공식 $a^2-b^2=(a+b)(a-b)$는 큰 수를 계산하는 데도 사용된답니다. 가령 99^2-1을 예전의 방법으로 계산한다면 $99^2-1=9801-1=9800$과 같이 되겠지요. 그러나 인수분해 공식을 이용하면 $99^2-1=(99+1)(99-1)=100\times98=9800$처럼 멋지게 계산할 수 있어요.

이번에는 201×199를 인수분해 공식을 써서 풀어 봐요. 방금 풀어본 문제와는 유형이 약간 다르답니다.

99^2-1은 a^2-b^2의 형태이고, 이번 문제는 $(a+b)(a-b)$의 형태

예요. 201은 200＋1로, 199는 200−1로 생각하고 계산하면 다음과 같아요.

$$201 \times 199 = (200+1)(200-1)$$
$$= 200^2 - 1^2$$
$$= 40000 - 1$$
$$= 39999$$

9. 인수분해 공식 4

이제는 복잡한 2차식 $acx^2+(ad+bc)x+bd$의 인수분해를 생각해 봐요. 그러나 사실 자세히 살펴보면 이 식은 앞에서 공부한 $x^2+(a+b)x+ab = x^2+px+q$ 꼴이랍니다.

곱셈공식 $(ax+b)(cx+d)=acx^2+(ad+bc)x+bd$에서 좌변과 우변을 서로 바꾸어서 얻은 인수분해 공식이에요.

약속

인수분해 공식 4
$$acx^2+(ad+bc)x+bd=(ax+b)(cx+d)$$

이런 형태는 순서도를 이용하는 것보다 예전부터 해 오던 방법을 사용하는 것이 더 편리해요.

가령 $2x^2+7x+6$을 인수분해하려면 먼저 위의 공식에 적용시

켜서 $ac=2$, $ad+bc=7$, $bd=6$을 성립시키는 a, b, c, d를 찾는 문제로 생각하면 되어요. 어떻게 하면 빨리 찾을 수 있을까요?

방법은 다음과 같아요. 먼저 곱해서 2가 되는 두 수 (a, c)인 1, 2를 왼쪽에 일렬로 쓰고, 곱해서 6이 되는 두 수 (a, d)인 3, 2를 오른쪽에 써요. 물론 곱해서 6이 되는 두 수는 3, 2 말고도 1, 6이 있고, -2, -3도 있어요. 그러나 $ad+bc=7$을 성립시키려면 다음 그림처럼 생각하는 것이 편리하답니다.

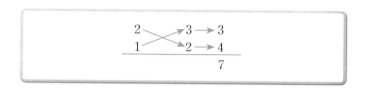

그러므로 $2x^2+7x+6=(2x+3)(x+2)$로 인수분해할 수 있어요.

10. 물을 공급할 때 나타나는 수학의 원리

우리 친구들은 지금까지 $(a+b)^2$에 집중하여 공부했어요. 하지만 $(a+b)$를 2번이 아니라 3번, 4번, … 계속해서 곱한다면 어떻게 될까요? $(a+b)^n$의 전개식을 생각해 봐요.

만일 $n=0$이면, $(a+b)^0=1$

$n=1$이면, $(a+b)^1=a+b$

$n=2$이면, $(a+b)^2=a^2+2ab+b^2$

$$n=3\text{이면}, (a+b)^3=a^3+3a^2b+3ab^2+b^3$$

물론 여러분은 아직 $(a+b)^3$은 배우지 않았어요. 하지만 고등학교에서 배울 내용을 이번에 한번 미리 보는 것도 흥미로운 일이 될 거예요.

앞의 식에서 계수를 관찰해 보면 다음 그림과 같이 피라미드와 비슷한 삼각형 모양을 이루어요. 이 내용은 오래전 수학자이자 철학자인 파스칼이 생각해 내었기 때문에 '파스칼의 삼각형'이라고 불린답니다.

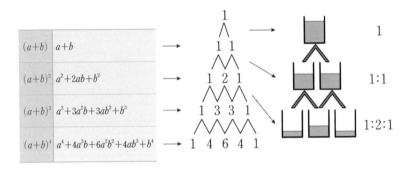

재미있는 현상은 이 그림처럼 같은 크기의 양동이를 놓고 위에서부터 물을 흘려 보내면 양동이에 담기는 물의 양의 비율 역시 파스칼의 삼각형 모양이 된다는 것이에요. 이처럼 자연 현상 속에는 우리 눈에 보이지 않는 곱셈공식이 숨어 있답니다.

개념다지기 문제 1 다음과 같은 모양의 텃밭 두 종류가 있습니다. (ㄱ)과 (ㄴ)의 넓이를 같게 하려면 (ㄴ)의 가로 길이를 얼마로 하면 될까요?

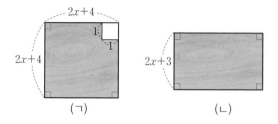

(ㄱ)   (ㄴ)

(ㄱ)의 넓이는

$(2x+4)^2-1^2=4x^2+16x+16-1=4x^2+16x+15$입니다.

다시 (ㄱ)의 넓이를 인수분해하면

$4x^2+16x+15=(2x+3)(2x+5)$이므로

(ㄴ)의 가로의 길이 $2x+5$가 됩니다.

인수분해를 이용하면 소수를 판정할 수 있어요. 예를 들어 어떤 수 n이 소수인지를 확인하려면 $\sqrt{n}$보다 작은 소수 2, 3, 5, 7, 11, 13 …으로 각각 나누어 보면 된답니다.

> 9991이 소수인지 아닌지를 판단하려면?
> $$9991 = 10000 - 9 = 100^2 - 3^2$$
> $$= (100 + 3)(100 - 3) = 103 \times 97$$
> 즉 9991은 1과 자기 자신 이외에도 103과 97을 약수로 가지고 있으므로 소수가 아닙니다.

위와 같은 방법으로 다음 수가 소수인지를 판별해봅시다.

(1) 391   (2) 9919

풀이

(1) $391 = 400 - 9 = 20^2 - 3^2 = (20 + 3)(20 - 3) = 23 \times 17$

따라서 391은 1과 자기 자신 이외에 23과 17을 약수로 가지므로 소수가 아닙니다.

(2) $9919 = 10000 - 81 = 100^2 - 9^2 = (100 + 9)(100 - 9) = 109 \times 91$

따라서 9919는 1과 자기 자신 이외에도 109와 91을 약수로 가지므로 소수가 아닙니다.

제3장

이차방정식

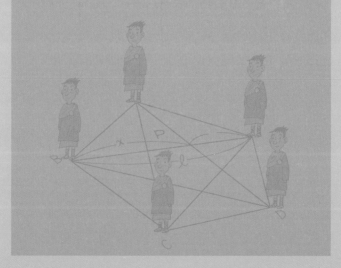

1. 이차방정식의 답은 두 개

이차방정식은 $x^2+x-2=0$과 같이 좌변에 2차식, 우변에 0이 있는 식으로, 이 방정식을 푸는 방법에는 다음 3가지가 있어요.

① 맞추어 보기   ② 인수분해   ③ 근의 공식 이용

이 가운데 가장 기본적인 방법은 한눈에 알 수 있는 맞추어 보기에요. $x^2=1$과 같은 간단한 이차방정식은 곧바로 1이 답인 것을 알 수 있어요. 주의해야 할 것은 -1도 답이 된다는 사실이랍니다.

$$(-1)^2=(-1)\times(-1)=1$$

즉 방정식의 해는 $x=1$, $x=-1$ 두 개이므로, 두 숫자를 합쳐서 $x=\pm 1$이라고 나타낼 수 있어요.

같은 방법으로 다른 방정식을 풀어 보면 다음과 같아요.

$$x^2=4 \rightarrow x=2, \; x=-2 \qquad \therefore \; x=\pm 2$$
$$x^2=2 \rightarrow x=\sqrt{2}, \; x=-\sqrt{2} \qquad \therefore \; x=\pm\sqrt{2}$$

이뿐만 아니라 다음 같은 경우에도 쉽게 답을 구할 수 있어요.

$(x-1)^2=1$의 경우에 $x-1=1$, -1임을 알 수 있어요.

$x-1=1$일 때 좌변의 1을 이항하면 $x=2$

$x-1=-1$일 때 좌변의 1을 이항하면 $x=0$

따라서 답은 $x=0$, $x=2$가 되어요.

이와 같이 일반적으로 이차방정식의 답은 2개랍니다.

2. 인수분해로 이차방정식 풀기

여러분은 지금까지 일차식, 이차식, 일차방정식을 배웠어요. 그러면 식과 방정식의 차이는 무엇이라고 생각하나요?

알다시피 **'식=0'**의 꼴이 바로 **방정식**이랍니다. 말하자면 $2x+3$은 일차식이고, $2x+3=0$은 일차방정식이에요.

여러분은 앞장에서 $(a\pm b)^2$을 $a^2\pm 2ab+b^2$으로 전개하기도 하고, 거꾸로 이차식을 인수분해하기도 했어요. 이 장에서는 '이차식 =0'의 꼴로 된 이차방정식을 풀어 봐요.

예를 들어 식 $x^2+5=5x-1$이 주어졌다고 해 봐요. 이것은 그냥 단순한 식일까요, 아니면 방정식일까요?

일단 식이 주어지면 일차방정식을 풀 때처럼 문자는 왼쪽으로 이항하고 식을 정리해요.

$$x^2+5-5x+1=0$$
$$x^2-5x+6=0$$

즉 $x^2+5=5x-1$은 방정식이랍니다. 그리고 굳이 이렇게 생각하지 않더라도 $x^2+5=5x-1$에는 등호(=)가 있으므로 당연히 방정식이지요! 이처럼 등호가 있는 식을 **등식**이라 말하고, 식을 정리한 후에 문자 x에 대하여 일차식이면 일차방정식, 이차식이면 이차방정식이라고 말합니다.

등식의 모든 항을 좌변으로 이항하여 정리했을 때

(x의 이차식)$=0$의 꼴이면 x의 이차방정식이라고 말한다.

앞에서도 말했듯이 수학에서는 일반화시키는 일이 매우 중요해요. 그래서 계수인 숫자까지 문자로 표현하곤 하지요.

일반적인 꼴로 이차방정식을 표현하면 다음과 같이 나타낼 수 있어요.

$$ax^2+bx+c=0 \ (a,\ b,\ c는\ 상수,\ a\neq0)$$

어떤 두 수를 곱하여 0이 되었다면 그 두 수는 무엇일까요?

즉 $AB=0$이라면 우리는 무엇을 추론할 수 있을까요?

만약 $A=0$이면 AB는 무조건 0이 되겠죠?

또한 $A\neq0$이더라도 $B=0$이면 $AB=0$이 되어요.

만약 $A=0$, $B=0$이면 $AB=0$이 되지요.

그러므로 위의 3가지 경우를 모두 통틀어서 '$AB=0$이면 A, B 중에서 적어도 하나는 0이어야 한다'라고 말합니다. 이런 경우 수학적으로는 '$AB=0$이면 $A=0$ 또는 $B=0$'이라고 말하지요.

> $AB=0$이면 $A=0$ 또는 $B=0$

이 사실은 방정식에서 매우 중요합니다.

가령 이차방정식 $(x+2)(x-3)=0$의 해를 구하려면 $x+2=0$ 또는 $x-3=0$이 되므로 이차방정식의 해(근)는 $x=-2$ 또는 $x=3$ 이 됩니다. 따라서 일반적으로 이차방정식 $(x-a)(x-b)=0$의 해는 $x=a$ 또는 $x=b$예요.

그럼 이차방정식 $(2x+5)(x-4)=0$의 해는?

$(2x+5)=0$ 또는 $(x-4)=0$이 되어요.

따라서 $(2x+5)=0$에서 $2x=-5$이므로

$x=-\dfrac{5}{2}$이고, $(x-4)=0$에서 $x=4$가 되어요.

즉 방정식의 해는 $x=-\dfrac{5}{2}$ 또는 $x=4$가 된답니다.

이번에는 인수분해가 되지 않은 이차방정식 $x^2+4x+4=0$을 생각해 볼까요? 어라? 그런데 좌변이 완전제곱이 되네요!

즉 $x^2+4x+4=(x+2)^2=0$이 되었어요.

이럴 때는 $(x+2)(x+2)=0$이므로 이차방정식의 근은 $x=-2$ 또는 $x=-2$가 되는네, 두 근이 똑같으므로 $x=-2$를 중근이라고 말해요. '중복되는 근'이라는 뜻이랍니다.

이차방정식의 두 근이 중복되어 있을 때, 중근이라고 말한다.

예를 들어 $x^2-5x+3=2-3x$의 해를 구한다면 먼저 우변의 항을 좌변으로 이항하여 식을 정리해요.

$$x^2-5x+3-2+3x=0$$
$$x^2-2x+1=0$$
$$(x-1)^2=0$$
$$\therefore x=1(중근)이에요.$$

어때요? 이차방정식도 할 만하죠?

3. 제곱근으로 이차방정식 풀기

생각
열기

다음과 같이 직사각형과 정사각형 모양의 색지가 있습니다. 두 색지의 넓이가 같을 때, 정사각형 색지의 한 변의 길이를 구해 봅시다.

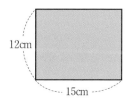

구하려는 정사각형 색지의 한 변의 길이를 $x$cm라고 해요.

직사각형의 넓이는 (가로)×(세로)=$15 \times 12 = 180(\text{cm}^2)$이죠.

두 색지의 넓이가 같으므로 식을 세우면 $x^2 = 180$이라는 이차방정식

이 되었어요. 그럼 방정식의 해는 다음과 같아요.

$x = \sqrt{180} = 6\sqrt{5}$ 또는 $x = -\sqrt{180} = -6\sqrt{5}$

그런데 이런 유형의 문제에서는 조심해야 할 것이 있어요! 색종이의

길이는 음수값이 없으므로 $-6\sqrt{5}$는 해가 될 수 없답니다. 그러므로

문제에 맞는 답은 $6\sqrt{5}(\text{cm})$뿐이에요.

약속

제곱근을 이용하는 이차방정식의 해

$a > 0$일 때 $x^2 = a$의 근 : $x = \sqrt{a}$ 또는 $x = -\sqrt{a}$

다른 문제를 몇 개 더 풀어 볼까요?

이번에는 방정식 $x^2 - 12 = 0$의 해를 구해 봐요.

좌변의 -12를 우변으로 이항하면 $x^2 = 12$이므로 해는 $x = 2\sqrt{3}$

또는 $-2\sqrt{3}$입니다.

이번에는 한 단계 더 어려운 $(x-1)^2 - 3 = 0$의 해를 구해 봐요.

좌변의 -3을 우변으로 이항하면 $(x-1)^2 = 3$

따라서 $x - 1 = \pm\sqrt{3}$이 되고, 좌변의 -1을 우변으로 이항하면

$x = 1 \pm \sqrt{3}$이 됩니다.

어때요? 그렇게 어렵지 않지요? 마지막으로 한 가지 더! 우리

는 방정식을 배울 때 식의 계산을 중심으로 공부해요. 그러나 고

대 사회에서는 식량이나 토지의 분배 같은 현실적인 문제를 해결하기 위해서 방정식에 관심을 갖게 되었답니다.

원래 수학은 실생활에 도움을 주기 위해 발달한 학문이에요. 지금까지는 방정식을 계산 위주로만 공부하느라 원래 의미를 생각할 겨를이 없었지만 그것이 얼마나 실생활에 필요한 것인지를 꼭 기억하세요.

수를 문자로 대신하는 대수에서는 무난하게 해를 구할 수 있지만, 응용문제를 해결하는 방정식 문제에서는 현실적인 한계를 꼼꼼히 따져야 해요.

가령 토지의 넓이나 물건의 가격 등은 음수가 될 수 없어요. 계산 결과가 음수가 되더라도 본래 문제에서 음수가 성립되지 않는 경우 음수의 답은 가차 없이 버려야 한답니다. 다시 말해서 방정식에 관한 응용문제는 계산 결과가 그대로 정답이 될 수 있는지

한 번 더 생각해 봐야 해요.

예를 들어, 넓이가 A인 정사각형 모양 땅이 있을 때 그 땅의 한 변의 길이를 구하는 식은 다음과 같아요.

$$X^2 = A \Rightarrow X = \pm\sqrt{A}$$

답은 두 개이지만 여기에서 음수의 값은 버려야 해요. 땅의 길이가 음수일 수는 없으니까요. 그러나 계산 문제로서 $X^2 = A$의 답은 $\pm\sqrt{A}$ 두 개랍니다.

4. 완전제곱식으로 이차방정식 풀기

지금까지 여러분은 이차방정식의 해를 구할 때, 인수분해를 이용하는 방법과 제곱근을 이용하는 방법을 배웠어요.

자, 이번에는 근의 공식이라는 유명한 공식을 만들어 보고 또 그 공식을 완전히 암기하도록 해 봐요.

근의 공식? 어디서 들은 것 같죠? 근의 공식은 무척 유명해서 텔레비전 퀴즈 프로그램의 단골 문제이기도 해요!

예를 들어, 이차방정식 $x^2 + 8x + 5 = 0$을 푼다면? 우리는 앞에서 배운 대로 맨 처음에 인수분해가 되는지 생각해 볼 수 있어요. 하지만 만약 인수분해가 되지 않는다면 그다음에는 어떤 방법을 강구해야 할까요?

맞아요. 완전제곱이 되는지를 따져 보아야 하지요. 그런데 완전제곱도 되지 않는다면 어떤 방법을 사용해야 할까요? 그럴 경우에는 완전제곱이 되도록 만들면 된답니다.

우선 $x^2+8x+5=0$에서 5를 우변으로 이항해요. $x^2+8x=-5$가 된 후에 식의 좌변을 완전제곱식으로 만들어요.

$x^2+8x+□$이 완전제곱이 되려면 □에는 무엇이 필요할까요?

이 문제의 요령은 x의 계수 8의 반, 즉 4를 제곱한 값 16이 필요하다는 사실을 생각해 내는 거예요. 그래야 $(x+4)^2$이 되니까요! 그러므로 양변에 16을 더하면 $x^2+8x+16=-5+16$이 되고 $(x+4)^2=11$이 됩니다. 이제 제곱근을 구하면 $x+4=\pm\sqrt{11}$이므로 결과적으로 근은 $x=-4\pm\sqrt{11}$이 되어요.

이제 계수가 숫자인 이차방정식 $3x^2+5x+1=0$과 계수가 문자인 이차방정식 $ax^2+bx+c=0$을 완전제곱식으로 만들어 보면서 비교해 봐요.

$$3x^2 + 5x + 1 = 0$$

양변을 x^2의 계수 3으로 나눈다.

$$x^2 + \frac{5}{3}x + \frac{1}{3} = 0$$

상수항을 우변으로 이항하면

$$x^2 + \frac{5}{3}x = -\frac{1}{3}$$

x의 계수 $\frac{5}{3}$의 반을 제곱하여
양변에 더한다.

$$x^2 + \frac{5}{3}x + \left(\frac{5}{6}\right)^2$$
$$= -\frac{1}{3} + \left(\frac{5}{6}\right)^2$$

좌변을 완전제곱식으로 고치고
우변을 정리하면

$$\left(x + \frac{5}{6}\right)^2 = -\frac{1}{3} + \frac{25}{36} = \frac{13}{36}$$

제곱근을 구하면

$$x + \frac{5}{6} = \pm\sqrt{\frac{13}{36}} = \pm\frac{\sqrt{13}}{6}$$

$$\therefore x = \frac{-5 \pm \sqrt{13}}{6}$$

$$ax^2 + bx + c = 0$$

양변을 x^2의 계수 a로 나눈다.

$$x^2 + \frac{b}{a}x + \frac{c}{a} = 0$$

x의 계수 $\frac{b}{a}$의 반을 제곱하여
양변에 더한다.

$$x^2 + \frac{b}{a}x + \left(\frac{b}{2a}\right)^2$$
$$= -\frac{c}{a} + \left(\frac{b}{2a}\right)^2$$

좌변을 완전제곱식으로 고치고
우변을 정리하면

$$\left(x + \frac{b}{2a}\right)^2 = -\frac{c}{a} + \frac{b^2}{4a^2}$$
$$= \frac{b^2 - 4ac}{4a^2}$$

제곱근을 구하면

$$x + \frac{b}{2a} = \pm\frac{\sqrt{b^2 - 4ac}}{2a}$$

$$\therefore x = \frac{-b \pm \sqrt{b^2 - 4ac}}{2a}$$

두 식의 풀이를 비교한 이유는 문제마다 일일이 완전제곱식으로 고쳐서 해를 구하는 건 매우 번거롭기 때문이에요. 그래서 오른쪽의 공식 $x = \dfrac{-b \pm \sqrt{b^2 - 4ac}}{2a}$ 를 암기하면 어떠한 이차방정식

이 나오더라도 인수분해가 되든 말든, 또 완전제곱식으로 되든 말든 공식에 대입만 하면 곧바로 근을 구할 수 있답니다. 이 공식을 바로 **근의 공식**이라고 불러요. 정리하자면, 근의 공식을 구하는 원리는 이차식을 완전제곱식으로 만든 후에 제곱근을 구하는 것이랍니다.

약속

이차방정식의 근의 공식

$ax^2 + bx + c = 0 (a \neq 0)$의 해는

$x = \dfrac{-b \pm \sqrt{b^2 - 4ac}}{2a}$ (단, $b^2 - 4ac \geq 0$)

근의 공식을 이용하여 이차방정식 $2x^2 - 3x - 1 = 0$을 한번 풀어볼까요?

$a = 2$, $b = -3$, $c = -1$을 공식에 대입하면

$$x = \frac{-(-3) \pm \sqrt{(-3)^2 - 4 \times 2 \times (-1)}}{2 \times 2} = \frac{3 \pm \sqrt{9 + 8}}{4} = \frac{3 \pm \sqrt{17}}{4}$$

따라서 $x = \dfrac{3 + \sqrt{17}}{4}$ 또는 $x = \dfrac{3 - \sqrt{17}}{4}$입니다.

5. 이차방정식의 활용

고대 그리스의 수학자 피타고라스는 청
년들이 모이는 공동체를 만들어 기하와
산술을 가르쳤어요. 그리고 그들에게 정
오각형의 배지를 달고 다니게 했지요. 이
유는 정오각형의 각 꼭짓점을 이으면 정
오각형 모양이 들어간 별이 만들어진다는 사실을 알려 주고 싶었
기 때문이에요. 정오각형의 별 모양에는 아름다운 황금비가 숨어
있었으니까요.

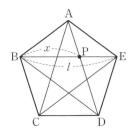

오른쪽 도형을 관찰한 다음 이차방정식을 이용하여 황금비의
원리를 파헤쳐 봐요.

정오각형의 꼭짓점 5개를 이으면 모두 5개의 대각선이 생기는데 이때 각 대각선은 서로를 황금비로 분할해요. 황금비란 임의의 선분을 한 점이 나눌 때 '짧은 변 : 긴 변＝긴 변 : 전체 길이'라는 비례식이 성립하는 분할이랍니다.

앞의 그림에서 변 $\overline{AD}$는 변 $\overline{BE}$와 점 P에서 만나게 되는데 $\overline{BE}=l$, $\overline{BP}=x$라고 놓으면 $\overline{PE}=l-x$가 되어요.

다시 비례식으로 쓰면 $\overline{PE} : \overline{PB}=\overline{PB} : \overline{BE}$이므로

$(l-x) : x=x : l$이고 $x^2=(l-x)l$이 된답니다.

이때 $l=1$이라고 하면 이차방정식 $x^2+x-1=0$을 얻을 수 있어요.

이 방정식의 근을 구하는 데는 어떤 방법이 좋을까요? 이 식은 인수분해가 되지 않고 완전제곱 역시 되지 않아요. 따라서 마지막 최후의 수단은 바로 근의 공식에 대입하는 것이랍니다!

$$a=1,\ b=1,\ c=-1\text{이므로}$$

$$x=\frac{-1\pm\sqrt{1^2-4\times1\times(-1)}}{2\times1}=\frac{-1\pm\sqrt{5}}{2}$$

x는 길이이므로 음수는 버려야 해요.

따라서 $x=\dfrac{-1+\sqrt{5}}{2}=\dfrac{\sqrt{5}-1}{2}$이 되어요.

이 결과를 다시 위 식에 대입해 보면

$$\overline{PE} : \overline{PB} = (1-x) : x = 1 - \left(\frac{\sqrt{5}-1}{2}\right) : \frac{\sqrt{5}-1}{2}$$

$$= \frac{3-\sqrt{5}}{2} : \frac{\sqrt{5}-1}{2}$$

$$= 3-\sqrt{5} : \sqrt{5}-1 \ (\because 2\text{를 곱하여서})$$

$$= 1 : \frac{\sqrt{5}-1}{3-\sqrt{5}} \ (\because 3-\sqrt{5}\text{로 나누어서})$$

자, 여기까지 따라왔다면 거의 완성 단계예요. 그런데 분수가 꽤나 복잡해 보이죠? 지난번에 배운 분모의 유리화를 활용해서 정리해 봐요.

분모의 $3-\sqrt{5}$를 유리수로 바꾸려면 무엇을 곱해야 할까요? 바로 $3+\sqrt{5}$를 곱해야 $\sqrt{5}$가 없어질 수 있겠죠?

$$\frac{\sqrt{5}-1}{3-\sqrt{5}} = \frac{(\sqrt{5}-1)(3+\sqrt{5})}{(3-\sqrt{5})(3+\sqrt{5})} = \frac{3\sqrt{5}+5-3-\sqrt{5}}{9-5}$$

$$= \frac{2+2\sqrt{5}}{4} = \frac{1+\sqrt{5}}{2}$$

드디어 목적지에 도착했어요!

$\overline{PE} : \overline{PR} = 1 : \dfrac{1+\sqrt{5}}{2} \fallingdotseq 1 : 1.018$이에요! 바로 이 비율 값이 황금비랍니다!

6. 이차방정식의 근의 공식

알콰리즈미는 9세기경 아라비아의 대수학자였어요. 하지만 그 시대는 수학의 지식이 무척 얕았답니다. 식이 무엇인지도 모르고 음수나 0 조차도 알려지지 않았던 시대였어요. 그래서 알콰리즈미는 수학을 도형으로밖에 설명할 수 없었어요.

예를 들어 이차방정식 $x^2+8x=11$에 대해 생각해 봐요.

넓이가 x^2인 정사각형(〈그림 1〉)의 각 변에 넓이가 $2x$인 직사각형을 4개 붙이고(〈그림 2〉), 각 모서리에서 빠진 정사각형 부분을 보충하면 큰 정사각형이 만들어져요.(〈그림 3〉)

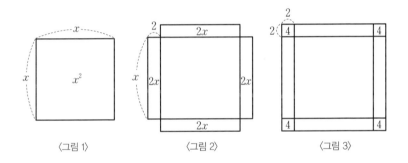

〈그림 1〉　　　　〈그림 2〉　　　　〈그림 3〉

〈그림 2〉의 면적은 x^2+8x이고 처음의 문제에 따르면 그 값은 11이에요. 즉 $x^2+8x=11$이 되고, 〈그림 3〉의 면적은 여기에 넓이가 4인 정사각형 4개를 붙여서 $(11+4\times4)=27$이 돼요.

〈그림 3〉에서 정사각형의 각 변은 $x+4$이기 때문에 원래의 이차방정식은 $(x+4)^2=27$이 되었어요.

따라서 $x+4=\pm\sqrt{27}$이지만 알콰리즈미는 음수를 몰랐기 때문에 음수의 답은 처음부터 생각하지 못했답니다. 하지만 여러분에

게는 식만 주어졌으므로 '±' 두 가지 답을 모두 구해야 해요.

$x=-4\pm\sqrt{27}$이 되고, 이 과정을 식으로 나타내면

$$x^2+8x=11$$
$$x^2+8x+16=11+16$$
$$(x+4)^2=27$$
$$x+4=\pm\sqrt{27} \qquad \therefore x=-4\pm\sqrt{27}$$

어때요? 도형으로 푸는 것보다 확실히 더 간편하지요?

개념다지기 문제 1 오른쪽 그림과 같이 정사각형 종이의 네 귀퉁이에서 한 변의 길이가 **3cm**인 정사각형을 잘라 내어 상자를 만들려고 해요. 상자의 밑면의 넓이가 **81cm²**일 때, 정사각형 종이 한 변의 길이를 구하여 봅시다.

풀이 정사각형 한 변의 길이를 $x\,\text{cm}$라고 하면, 상자 밑면의 한 변의 길이는 $(x-6)\,\text{cm}$이고, 밑면의 넓이는 $(x-6)^2\,\text{cm}^2$가 되므로 $(x-6)^2=81$이에요. 이 식을 풀면

$$x^2-12x-45=0$$
$$(x+3)(x-15)=0$$
$$\therefore x=-3 \text{ 또는 } x=15$$

그런데 x는 변의 길이이므로 $x=15$가 되어요. 따라서 정사각형 종이 한 변의 길이는 15cm입니다.

개념다지기 문제 2 어느 테니스 선수가 공중으로 공을 쳤을 때 x초 후의 높이를 ym라고 하면, x와 y 사이에는 관계식 $y=20x-5x^2$이 성립합니다. 공이 다시 땅에 떨어지는 데 걸리는 시간을 구하여 봅시다.

풀이 공을 던진 지 x초 후에 공이 지면에 도달한다고 가정하면 지면의 높이는 0이므로 $20x-5x^2=0$이에요.
양변을 -5로 나누고 식을 정리하면

$$x^2-4x=0, \ x(x-4)=0$$
$$\therefore \ x=0 \text{ 또는 } x=4$$
$$\text{이때 } x>0 \text{이므로 } x=4$$

따라서 공이 지면에 도달하는 데 걸리는 시간은 4초 후입니다.

개념다지기 문제 3 고대 인도인들은 수학 문제를 시로 나타내곤 했어요. 800년 전 인도의 수학자 바스카라의 수학책 『릴라바티』에는 다음과 같은 재미있는 수학 시가 있답니다. 시 속에 담긴 문제를 풀어 봐요.

꿀벌의 한 무리들

그 반의 제곱근만큼 재스민 숲속으로 날아갔다.

남은 꿀벌은 전체의 $\dfrac{7}{8}$

그와는 별도로

한 마리의 수벌이 연꽃 향기에 현혹되어

밤에 꽃 속으로 들어가 지금은 그 속에 갇혀 있다.

한 마리의 여왕벌이

그 수벌이 있는 꽃 주변을 붕붕 날아다닌다.

벌은 모두 몇 마리일까?

풀이 꿀벌의 무리를 x라고 가정해요.

1연을 방정식으로 나타내면 $x-\sqrt{\dfrac{x}{2}}=\dfrac{7}{8}x$가 돼요.

$\sqrt{\dfrac{x}{2}}$를 우변으로, $\dfrac{7}{8}x$를 좌변으로 이항하면 $\dfrac{1}{8}x=\sqrt{\dfrac{x}{2}}$

양변을 제곱하면 $\dfrac{1}{64}x^2=\dfrac{x}{2}$

양변에 64를 곱해서 정리하면 $x^2-32x=0$

공통인수가 x이므로 인수분해하면 $x(x-32)=0$

$\therefore x=0$ 또는 32

꿀벌의 무리 x는 0이 아니므로 $x=32$가 됩니다. 그런데 2연과 3연을 보면 이 무리와 별도로 수벌 한 마리와 여왕벌 한 마리가 있다고 했으므로 벌은 모두 34마리입니다.

제4장
이차함수

1. 스마트폰과 아파트 열쇠를 동시에 옥상에서 떨어뜨리면 어떻게 될까?

만약에 여러분이 오른손에 들고 있던 스마트폰과 왼손에 들고 있던 아파트 열쇠를 동시에 옥상에서 떨어뜨렸다면 어느 것이 먼저 땅에 떨어질까요?

언뜻 생각할 때는 열쇠보다 무거운 스마트폰이 먼저 땅에 떨어질 것 같죠? 하지만 실제로는 두 개가 동시에 떨어진답니다! 무슨 이야기인지 지금부터 설명할게요.

400년 전의 사람들도 지금 여러분처럼 생각했어요.

어느 날 25세의 갈릴레이는 선배 교수와 동료들이 지켜보는 앞에서 무게가 서로 다른 두 개의 쇠구슬을 동시에 떨어뜨리는 설험을 감행했어요.

갈릴레이를 제외한 모든 사람은 무거운 쇠구슬이 먼저 떨어지고 그다음 가벼운 쇠구슬이 떨어질 거라고 생각해서 두 번의 소리가 날 것이라고 기대했지요. 그러나 예측은 보기 좋게 빗나가고 말았어요. 쿵 소리는 한 번밖에 들리지 않았답니다.

그때까지만 해도 고대 그리스의 수학자이자 철학자였던 아리스토텔레스의 학설이 워낙 확고하게 자리 잡혀 있었어요. 사람들은

모두 무거운 물체가 먼저 떨어질 거라고 예측했지만 실제로는 그렇지 않았어요. 이 현상을 정확하게 수학적으로 나타내면 이차함수로 표현할 수 있어요.

어떤 물건을 떨어뜨린다고 할 때 땅에 떨어지는 시간과 거리 사이의 관계를 정리해 보면 낙하 시간을 x(초), 낙하 거리를 y(m)라고 할 때 이차함수 $y=4.9x^2$이라는 관계식이 성립해요.

이 사실은 갈릴레이에 의해서 처음 발견되었고, 중력가속도가 $9.8\text{m}^2/\text{sec}$이므로 위의 이차함수가 성립한다는 사실을 증명한 사람은 바로 만유인력으로 유명한 뉴턴이었어요.

수학의 묘미는 위와 같이 변수 사이의 관계를 한눈에 알아볼 수 있도록 그래프로 나타낼 수 있다는 사실이랍니다.

2. 이차함수란 무엇일까?

지은이네 가족은 불꽃놀이를 보기 위해 부산 해운대로 향했어요. 사람들은 새로운 명소가 된 다이아몬드 브리지(광안대교) 위로 화려하게 수놓이는 아름다운 폭죽을 보면서 환호성을 질렀어요.

다양한 불꽃놀이

지은이는 여러 개의 폭죽을 하늘을 향해 쏘았을 때 비슷한 높이에서 터진다는 사실이 무척 신기했지요. 폭죽들의 높이와 시간은 어떤 관계가 있을까요?

생각 열기

폭죽을 하늘 위로 쏘았을 때 올라간 높이는 시간에 따라 변하는데 그때 폭죽의 높이와 시간과의 관계는 $y = -5x^2 + 24x$라는 식으로 표시되어요.

이때 x는 시간, y는 높이라는 변수로 가정한 것이에요. 시간이 변함에 따라 높이가 변하므로 변수 x, y에 대하여 x의 값이 정해지면 y의 값은 단 하나만 결정되지요. 이러한 관계식을 **y는 x의 함수**라고 말해요. 특히 x가 이차식이면 **y는 x의 이차함수**라고 불러요. (x에 관한 이차식)$=0$ 즉 $f(x)=0$의 꼴은 **이차방정식**이라고 하며 (x에 관한 이차식)$=y$ 즉 $f(x)=y$의 꼴은 **이차함수**라고 말해요. 그런데 $f(x)=y$보다는 관습적으로 $y=f(x)$라고 쓴답니다.

우리는 이차방정식의 일반꼴을 $ax^2 + bx + c = 0$이라고 말했어요. 물론 a, b, c는 상수이고, $a \neq 0$이어야 하죠.

약속

a, b, c는 상수, $a \neq 0$일 때
$y = ax^2 + bx + c$에서 y는 x의 이차함수라고 말한다.

이외에도 우리 주위에는 이차함수의 예가 많이 있어요. 우리가 여름에 많이 보는 분수의 물줄기는 포물선 모양으로 역시 이차함

제4장_ 이차함수 **85**

수로 표현할 수 있답니다. 이처럼 수학은 결코 우리 생활과 멀리 있지 않아요. 수학의 원리는 우리 주변 곳곳에 숨어 있답니다. 여러분은 이 책을 통하여 수학적 마인드를 가지게 되었고, 꾸준히 고개를 넘는 중이라는 걸 잊지 마세요!

3. 이차함수의 그래프 그리기

이차함수 $y=x^2$의 그래프를 그려 볼까요? 이차함수 중에서 가장 간단한 $y=x^2$을 생각해 봐요.

먼저 x^2이란 $x \times x$로서 x가 길이라면 정사각형의 넓이를 의미해요. 그러나 $y=x^2$은 분수의 물줄기치럼 포물선 모양을 그리는 함수가 되어요.

다음은 이차함수 $y=x^2$에 대해, 변수 x의 값이 다음과 같이 변할 때 x값에 대응하는 y값을 나타낸 표예요.

x	......	-3	-2	-1	0	1	2	3	......
y	......	9	4	1	0	1	4	9	......

위 표의 순서쌍 (x, y)를 좌표로 하는
점을 좌표평면에 나타내면 오른쪽과 같아
요. 이와 같은 순서쌍 (x, y)들의 모임을
이차함수 $y = x^2$의 그래프라고 해요.

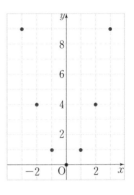

무슨 그래프가 직선이나 곡선이 아니
고 점으로 되어 있나 싶은가요? 여러분이
중학교 1, 2학년일 때 배운 직선의 그래
프들도 점들의 모임이었던 것을 기억하지요? 일차함수의 그래프
에서도 x가 정수일 때 함수의 그래프는 점들의 모임이었어요. 그
러나 정수가 아니라 유리수로 확장하면 매우 촘촘한 그래프가 되
지요. 한 걸음 더 나아가 실수로 넓히면 매끈한 직선도 되고, 쌍곡
선도 될 수 있어요.

이차함수도 마찬가지예요. 여기에서는 x가 정수이므로 이차함
수의 그래프는 점들의 모임이 된답니다.

이제 x의 값을 보다 촘촘하게 ......, -3, -2.75, -2.5,
-2.25, -2, ..., 2.75, 3, ...과 같이 0.25 간격으로 놓았어요. 그
런 다음 이차함수 $y = x^2$의 순서쌍 (x, y)를 좌표로 하는 점을 좌표
평면 위에 나타내면 〈그림 1〉과 같아요.

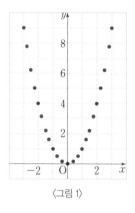

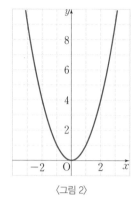

〈그림 1〉　　　　　　　　〈그림 2〉

이렇게 x값의 간격을 더욱 촘촘하게 좁혀서 많은 점을 표시해 나가면 이차함수 $y=x^2$의 그래프는 〈그림 2〉와 같이 매끈한 곡선으로 표시돼요. 바로 실수가 연속이기 때문이지요.

이차함수 중 가장 간단한 $y=x^2$의 그래프 모양은 원점을 지나면서 아래로 볼록해요. 그리고 $x=-1$일 때도 $y=1$이고, $x=1$일 때도 $y=1$인 점에 주목하세요. 또 $x=\pm 2$일 때 $y=4$이고, $x=\pm 3$일 때도 역시 y값은 같아요.

즉 x의 절댓값이 같고 부호가 반대일 때 대응하는 y의 값은 같답니다. 따라서 이 그래프는 y축에 대칭이 돼요. 다시 말해서, **y축에 대칭**이란 y축을 기준으로 접었을 때 그래프가 포개어진다는 뜻이에요.

이 그래프의 특징은 x가 점점 커지는 제1사분면에서는 증가하고, x가 점점 작아지는 제2사분면에서는 감소한다는 거랍니다.

이차함수 $y=x^2$의 그래프

① 원점을 지나고, 아래로 볼록하다.

② y축에 대칭이다.

③ $x>0$이면 x가 증가할 때 y도 증가하고,

  $x<0$이면 x가 증가할 때 y는 감소한다.

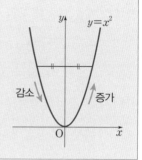

이번에는 이차함수 $y=ax^2$의 그래프를 그려 봅시다.

앞에서 배운 이차함수 $y=x^2$의 그래프를 이용하여 이차함수 $y=2x^2$의 그래프를 그려 봐요.

우선 그래프 $2x^2$과 x^2을 비교해 보면 $2x^2$은 x^2의 2배예요. $y=x^2$ 그래프의 각 점에서 y좌표의 값을 2배로 하는 점을 좌표평면 위에 차례차례 찍어서 연결하면 된답니다.

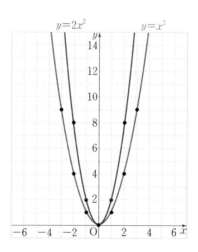

그러면 이차함수 $y=2x^2$의 그래프는 원점을 지나면서 아래로 볼록하며 y축에 대칭인 매끈한 곡선이 되지요.

그렇다면 이차함수 $y=3x^2$의 그래프는 어떨까요?

$y=x^2$에서 각 점의 y좌표 값을 3배로 하는 점을 좌표평면 위에 차례차례 찍어서 연결하면 돼요.

그러므로 $a>0$일 때, 이차함수 $y=ax^2$의 그래프는 $y=x^2$의 그래프 위의 각 점의 좌표를 a배로 하는 점을 정해서 그릴 수 있어요.

지금까지 우리는 $y=2x^2$, $y=3x^2$ 등 $y=ax^2$에서 $a>0$인 경우를 생각했어요. 이번에는 $y=-2x^2$을 생각해 볼 거예요.

$y=2x^2$과 $y=-2x^2$의 차이점은 무엇일까요?

$-2x^2$은 $2x^2$의 값에 '$-$'가 있다는 점이 다르답니다!

$2x^2$은 양수이므로 그래프는 y축의 윗부분이 되고, $-2x^2$은 음

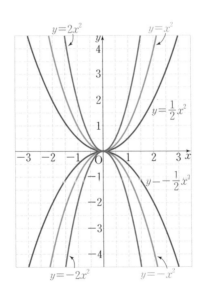

수이므로 y축의 아랫부분이 돼요. 결국 $y=\dfrac{1}{2}x^2$과 $y=-\dfrac{1}{2}x^2$, $y=2x^2$과 $y=-2x^2$ 그래프는 각각 x축을 기준으로 대칭이 된답니다. 어때요? 우리 친구들도 할 만 하죠?

지금부터는 그래프 3개를 비교하면서 각각의 차이점을 알아봐요.

함수 $y=\dfrac{1}{2}x^2$, $y=x^2$, $y=2x^2$의 그래프는 x의 계수가 커질수록 폭이 좁아지면서 날씬한 그래프가 되고, 계수가 작아질수록 뚱뚱한 그래프가 되는 것을 알 수 있어요. 하지만 여기에서 한 가지 주의할 점이 있어요.

$y=-\dfrac{1}{2}x^2$, $y=-x^2$, $y=-2x^2$을 비교하면 위와 반대로 x^2의 계수가 음수일 때는 계수가 커질수록 그래프가 뚱뚱해지고, 작을수록 날씬해진다는 사실이랍니다!

이차함수 $y=ax^2$의 성질

(1) $a>0$이면 아래로 볼록하고, $a<0$이면 위로 볼록한 곡선이 된다.

(2) a의 절댓값이 클수록 그래프의 폭이 좁아지고, 항상 y축에 대칭이다.

(3) $y=ax^2$과 $y=-ax^2$의 그래프는 x축에 대하여 대칭이다.

이차함수 $y=ax^2$의 그래프 같은 모양의 곡선을 **포물선**이라고 말해요. 포물선은 한 직선에 대칭인 **선대칭도형**으로, 기준이 되는 직선을 포물선의 **축**, 포물선과 축의 교점을 포물선의 **꼭짓점**이라고 부르지요. 따

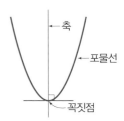

라서 이차함수 $y=ax^2$의 그래프는 y축을 축으로 하고, 원점을 꼭짓점으로 하는 포물선이 돼요.

우리는 주위에서 의외로 쉽게 포물선을 볼 수 있는데 대표적인 모양이 바로 앞에서도 언급한 분수의 물줄기예요. 또 이외에도 신라와 백제의 왕릉 모두 포물선 모양이랍니다.

4. 이차함수 $y=ax^2+bx+c$의 그래프

앞에서 이차함수 $y=x^2$의 그래프를 그려 보았어요. 지금부터는 $y=ax^2+q$의 그래프에 대해 알아볼 거예요. 예를 들어 $y=x^2+2$의 그래프를 그린다고 할 때, 두 그래프의 차이는 무엇일까요?

함수 $y=x^2$, $y=x^2+2$에 대하여 x값에 대응하는 y값을 구하면 아래 표와 같아요.

x	……	-3	-2	-1	0	1	2	3	……
$y=x^2$	……	9	4	1	0	1	4	9	……
$y=x^2+2$	……	11	6	3	2	3	6	11	……

x의 각 값에 대하여 $y=x^2+2$의 값은 $y=x^2$의 값보다 2만큼씩 크다는 것을 알 수 있어요. 즉 $y=x^2+2$의 그래프는 $y=x^2$의 그래프를 y축의 방향으로 2만큼 평행이동한 것이랍니다. 그러므로 이차함수 $y=x^2+2$의 그래프는 y축을 축으로 하고 점 $(0, 2)$를 꼭짓점으로 하는 아래로 볼록한 포물선이 되어요.

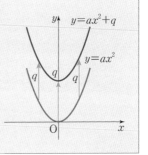

약속

이차함수 $y=ax^2+q$의 그래프

① 이차함수 $y=ax^2$의 그래프를 y축의 방향으로 q만큼 평행이동한 것이다.

② y축을 축으로 하고 점 $(0, q)$를 꼭짓점으로 하는 포물선이다.

이번에는 이차함수 $y=a(x-p)^2$ 그래프에 대해 알아봐요. 그 전에 먼저 이차함수 $y=(x-2)^2$의 그래프를 그려 볼까요?

이차함수 $y=x^2$, $y=(x-2)^2$에 대하여 x값에 대응하는 y값을 나타내면 다음 표와 같아요.

x	⋯⋯	-3	-2	-1	0	1	2	3	⋯⋯
$y=x^2$	⋯⋯	9	4	1	0	1	4	9	⋯⋯
$y=(x-2)^2$	⋯⋯	25	16	9	4	1	0	1	⋯⋯

x값이 -3, -2, -1, 0, 1일 때의 x^2의 값과 x값이 -1, 0, 1, 2, 3 일 때의 $(x-2)^2$의 값이 서로 같음을 알 수 있어요. 즉 이차함수 $y=(x-2)^2$의 그래프는 그림과 같이 $y=x^2$의 그래프를 x축의 방향으로 2만큼 평행이동한 것과 같아요. 또한 직선 $x=2$를 축으로 하고 점 $(2, 0)$을 꼭짓점으로 하는 아래로 볼록한 포물선이랍니다.

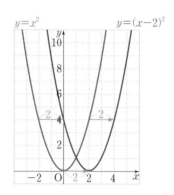

이차함수 $y=a(x-p)^2$의 그래프

① 이차함수 $y=ax^2$이 그래프를 x축의 방향으로 p만큼 평행이동한 것이다.

② 직선 $x=p$를 축으로 하고 점 $(p, 0)$를 꼭짓점으로 하는 포물선이다.

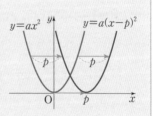

자, 그럼 앞의 문제들을 다시 확실하게 정리해 봐요.

이차함수 $y=x^2+5$의 그래프는 $y=x^2$을 y축의 방향으로 5만큼 평행이동한 것이겠죠? 또 $y=3x^2-2$는 $y=3x^2$을 y축의 방향으로 -2만큼 평행이동한 것이고, $y=(x-4)^2$의 그래프는 $y=x^2$을 x축의 방향으로 4만큼 평행이동한 것이에요.

그럼 $y=-x^2$의 그래프를 x축의 방향으로 3만큼 평행이동하면? 바로 $y=-(x-3)^2$이 되겠죠?

우리는 지금까지 $y=x^2$을 x축이나 y축으로 평행이동하는 문제를 생각해 보았어요. 이제는 x축, y축 양방향으로의 평행이동을 생각해 봐요. 이 문제는 이차함수 $y=a(x-p)^2+q$의 그래프를 예로 들어 봐요.

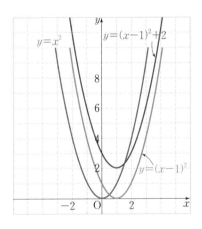

먼저 이차함수 $y=(x-1)^2+2$의 그래프를 그리려면, 우선 함수 $y=x^2$의 그래프를 x축의 방향으로 1만큼 평행이동해 봐야 해요.

그러면 함수는 $y=(x-1)^2$이 되고, 이것을 다시 y축의 방향으로 2만큼 평행이동하면 함수는 $y=(x-1)^2+2$가 됩니다.

즉 이차함수 $y=(x-1)^2+2$의 그래프는 $y=x^2$의 그래프를 x축의 방향으로 1만큼, y축의 방향으로 2만큼 평행이동한 것이 되어요. 따라서 이차함수 $y=(x-1)^2+2$의 그래프는 앞의 그림에서와 같이 직선 $x=1$을 축으로 하고, 점 $(1, 2)$를 꼭짓점으로 하는 아래로 볼록한 포물선입니다.

약속

이차함수 $y=a(x-p)^2+q$의 그래프

① $y=ax^2$의 그래프를 x축의 방향으로 p만큼, y축의 방향으로 q만큼 평행이동한 것이다.

② 직선 $x=p$를 축으로 하고, 점 (p, q)를 꼭짓점으로 하는 포물선이다.

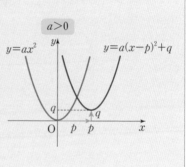

만약 이차함수가 $y=ax^2+q$의 꼴도 아니고, $y=a(x-p)^2$의 꼴도 아닐 때 함수의 그래프는 어떻게 그리면 될까요?

먼저 이차함수 $y=ax^2+bx+c$의 그래프에 대해서 알아봐요. 가령 함수가 $y=x^2+4x+7$일 때 그래프를 쉽게 그릴 수 있는 조건은 무엇일까요? 바로 주어진 식을 $y=a(x-p)^2+q$의 꼴로 만들면 되겠지요? 또한 맨 먼저 포물선의 꼭짓점이 무엇인지를 구하면

보다 쉽게 그래프를 그릴 수 있어요.

이차함수 $y=x^2+4x+7$을 $y=a(x-p)^2+q$의 꼴로 고치면 $y=x^2+4x+4+3=(x+2)^2+3$이 되어요.

즉 이차함수 $y=x^2+4x+7$의 그래프는 x축의 방향으로 -2만큼, y축의 방향으로 3만큼 평행이동한 것과 같아요.

약속

이차함수 $y=ax^2+bx+c$의 그래프

① $a>0$이면 아래로 볼록하고, $a<0$이면 위로 볼록하다.

② $y=a(x-p)^2+q$의 꼴로 고쳐서 그린 그래프와 똑같다.

③ y축 위의 점 $(0, c)$를 지난다.

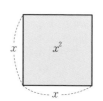

일차와 이차방정식은 고대의 수학자들에게도 큰 관심거리였어요. 특히 이차방정식은 땅의 넓이를 계산하는 데 꼭 필요한 지식이었지요. 한 변의 길이를 x라고 할 때 정사각형의 넓이는 x^2으로 이차식이에요.

그러나 같은 이차방정식일지라도 갈릴레이는 운동의 자취로 생각했어요. 그는 "과학 공부는 자연을 교과서로 삼아야 하고, 교과서는 수학의 기호와 기하의 도형으로 설명되어야 한다."라고 말했어요. 자연 세계는 운동과 변화로 가득 차 있기 때문이지요. 그가 말하는 자연이란 신이나 화가들이 보는 자연이 아니라 자연 속에 있으면서도 직접 눈에 보이지 않는 '변화의 법칙'이었어요. 그 결과 공중에 돌을 던져서 날아간 자취는 포물선抛物線을 그린다는 사실을 발견할 수 있었답니다. 포물선은 한자어로, 물건을 공중에 던져서 생기는 선이라는 뜻이에요.

갈릴레이의 낙하 법칙은 다음과 같아요.

"지상에서 공중으로 던진 물체의 높이 h는

$$h = -\frac{1}{2}gt^2 + vt$$

이때 v는 초기속도, t는 시간, g는 중력상수이다."

갈릴레이의 주장은 운동체의 시간과 거리의 관계를 보라는 거였어요. 갈릴레이는 자연을 바라보는 눈이 자연과학의 길을 연다는 사실을 알았고, 그 결과 '근대 과학의 아버지'라고 불린답니다.

같은 이차식이라도 고대에는 정지된 상태의 땅 넓이 같은 것을 의미했지만, 르네상스를 지나 17세기 이후 근대에 들어서면서 이차식은 운동체를 나타내는 등 그 뜻이 조금씩 달라졌어요. 같은 내용이라도 시대에 따라 새로운 뜻이 부여된 거지요. 즉 여러분은 지금 고대와 근대의 이차방정식을 한꺼번에 공부하고 있는 셈이랍니다.

5. 이차함수의 최댓값과 최솟값

앞에서 언급했던 폭죽에 대해 다시 한 번 생각해 봐요. 폭죽이 가장 높이 올라간 높이와 그때까지 걸리는 시간을 구하려면 무엇을 알아야 할까요?

폭죽의 시간과 높이 사이의 관계식은 $y=-5x^2+24x$예요. 폭죽의 그래프는 위로 볼록한 그래프이므로 꼭짓점을 구하면 보다 쉽게 알 수 있어요.

요령은 함수 $y=-5x^2+24x$를 $y=a(x-p)^2+q$의 꼴로 고치는 것이지요.

$$y=-5x^2+24x=-5\left(x^2-\frac{24}{5}x\right)$$
$$=-5\left(x^2-\frac{24}{5}x+\frac{144}{25}\right)+\frac{144}{5}$$
$$=-5\left(x-\frac{12}{5}\right)^2+\frac{144}{5}$$

따라서 폭죽을 쏘아올린 지 $\frac{12}{5}\left(=2\frac{2}{5}\right)$초 지난 후 폭죽은 가장 높은 $\frac{144}{5}\left(=28\frac{4}{5}\right)$m에 있을 것입니다.

 생각 열기 서울 시청 앞 광장에 설치된 분수대를 떠올려 보세요.

바닥에 있는 분출구로부터 하늘을 향해 올라가는 물줄기의 수평거리를 $x(\mathrm{m})$, 물줄기의 높이를 $y(\mathrm{m})$라고 해요. 이때 x와 y 사이에는 $y=-5x^2+10x$가 성립해요. 가장 높이 올라간 물줄기의 높이를 구하려면, 주어진 함수를 $y=a(x-p)^2+q$의 꼴로 고쳐야 해요. 즉 함수의 값 중 **최댓값**을 구하는 거랍니다.

$$y=-5x^2+10x=-5(x^2-2x)$$
$$=-5(x^2-2x+1)+5$$
$$=-5(x-1)^2+5$$

따라서 가장 높이 올라간 물줄기의 높이는 5m입니다.

우리 친구들 중 몇몇은 한 가지 사실을 터득했을 거예요. 바로 위로 볼록한 모양의 이차함수에서는 최댓값만 있다는 사실!

왜 최솟값은 없는 걸까요? 분수를 떠올리면 쉽게 이해할 수 있어요. 분수는 땅에서 솟아오르고 땅의 높이는 항상 0이랍니다!

그럼 이와 반대로 아래로 볼록한 모양의 이차함수의 경우에는 최솟값만 있겠지요? 그 함수에서 최댓값은 의미가 없어요. 공약수는 최대공약수가, 공배수는 최소공배수만이 의미 있고 최소공약수나 최대공배수는 무의미한 것과 같답니다.

1. 함숫값 중에서 가장 큰 값을 그 함수의 최댓값이라 하고, 가장 작은 값을 그 함수의 최솟값이라고 한다.

2. 이차함수 $y=a(x-p)^2+q\,(a\neq0)$의 최댓값과 최솟값

① $a>0$인 경우 최솟값은
$x=p$일 때 q이고,
최댓값은 없다.

② $a<0$인 경우 최댓값은
$x=p$일 때 q이고,
최솟값은 없다.

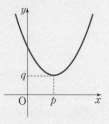

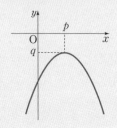

고속도로를 시속 100km의 속력으로 운전하다가 갑자기 브레이크를 밟으면 자동차는 한참을 미끄러진 후에 멈추게 돼요. 이것을 **제동거리**라고 말하지요.

바로 이 제동거리 때문에 고속도로에서 주행할 때는 차와 차 사이의 차간 거리를 200m 정도로 유지하는 것이 안전하지만 실제로는 잘 지켜지지 않아요. 또한 빗길 과속 운전이나 브레이크 고장은 연쇄 추돌 사고를 일으키기도 합니다.

자동차가 시속 $x$km로 달리다가 브레이크를 밟을 때, 정지할 때 까지 움직인 거리를 ym라고 하면 $y=\dfrac{1}{200}x^2+\dfrac{1}{4}x$의 이차함수가 성립해요.

만약 서해안 고속도로를 시속 120km로 달리다가 브레이크를 밟으면 정지할 때까지 움직인 거리는 얼마나 될까요? 간단히 x, y 의 관계식에 $x=120$을 대입하여 y값을 구하면 된답니다.

$$y=\frac{1}{200}\times120^2+\frac{1}{4}\times120=\frac{14400}{200}+30=72+30=102(\mathrm{m})$$

즉 브레이크를 밟아도 자동차는 102m나 앞으로 움직일 수 있다는 뜻이에요. 그러므로 자동차 법규에서 권고하는 차간 거리 200m는 주먹구구식으로 대충 결정된 것이 아니라 안전을 위해 수학적으로 도출한 합리적인 수치랍니다.

고공에서 낙하산을 타고 내리는 특수부대 이야기는 영화 속에서만 손에 땀을 쥐게 하는 이야기가 아니에요. 실제로 전쟁터에서는 나라의 운명을 가르는 매우 긴박하고도 중요한 일이랍니다.

만일 지상으로부터 1000m 높이의 비행기에서 뛰어내린다고 할 때, 사람이 떠 있는 지면에서의 높이를 ym, 착지할 때까지 걸리는 시간을 t초라고 해 봐요. 그럼 $y=-5t^2+1000$이라는 식이 성립해요. 이 식에 따르면 특수부대 요원은 비행기에서 뛰어내린 지 몇 초 후에 착지하게 될까요?

낙하산을 타고 땅에 착지한다는 것은 지면에서의 높이가 0m라는 뜻이에요. 따라서 $y=0$으로 놓고 t값을 구하면

$0=-5t^2+1000$이므로, 이항하면 $5t^2=1000$

$t^2=200$

$\therefore t=\pm\sqrt{200}=\pm10\sqrt{2}$

자, 이제 주의할 것은 식으로 구한 답이 현실적으로 문제의 뜻에 맞는지 확인해야 한다는 거예요. 여기서 t는 시간이므로 음수는 문제의 뜻에 부적합!

따라서 $t=10\sqrt{2}=10\times1.414=14.14$(초)가 됩니다. 그러므로 고공 1000m에서 특수부대 요원이 낙하산을 타고 뛰어내리면 불과 15초 정도 후에 땅으로 내려온다는 사실을 알 수 있답니다.

6. 현수교의 곡선과 포물선

부산광역시의 자랑인 광
안대교(일명 다이아몬드 브리지)는
현수교로도 유명해요. 이외
에 우리나라의 대표적인 현
수교로는 영종대교, 서해대
교 등이 있답니다.

광안대교

현수교란 다리 양쪽에 기둥을 세운 후에 케이블로 연결한 다리
로, 수학의 '현수선'에서 유래한 말이에요. 현수선이란 밀도가 고
른 줄(케이블) 양끝을 고정하여 매달면 중력에 의해 줄이 아래로 처
지면서 만들어지는 곡선을 말해요.

예를 들어 벽에 못을 두 개 박은 다음 실을 팽팽하게 연결한 후
한참 후에 보면 팽팽하던 실은 아래로 곡선을 그리면서 처지게 되
는데 바로 그 곡선을 현수선이라고 불러요.

또 요즘은 세탁물을 건조대에서 말리지만 예전에는 마당에 빨
랫줄을 매고, 그 줄 위에 빨래를 널어 말리곤 했어요. 이 빨랫줄도
중력이 만들어내는 현수선이랍니다.

지동설로 유명한 갈릴레이조차도 그의 저서에서 현수선을 포물
선으로 착각했다고 하니 우리 친구들이 보기에도 현수선과 포물선
은 매우 비슷하게 보일 거예요.

앞으로 차를 타고 다리를 지날 때 무심코 지나지 말고 수학적 원
리인 포물선을 한 번씩 떠올리는 건 어떨까요?

7. 이차방정식의 도형적 해법

기원전 18세기경 고대 바빌로니아의 점토판에는 다음과 같은
이차방정식의 문제와 해법이 새겨져 있었어요.

"정사각형의 면적과 그 정사각형 한 변의 길이의 $\frac{4}{3}$를 합했더니
$\frac{11}{12}$이 되었다. 이 정사각형 한 변의 길이는 얼마일까?"

정사각형 한 변의 길이를 x라고 하면 문제에 따라 다음과 같은
방정식이 세워져요.

$$x^2+\frac{4}{3}x=\frac{11}{12}$$

　그 당시에는 방정식을 도형의 문제로 풀었어요.

　아래 왼쪽 도형은 넓이가 각각 x^2과 $\frac{4}{3}x$인 사각형 2개를 붙인 그림이에요.

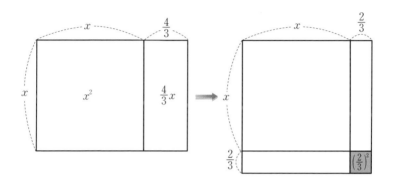

　이제 왼쪽 직사각형을 오른쪽과 같이 변형을 해요. 왼쪽 직사각형 $\frac{4}{3}x$의 면적을 반으로 나누어 하나는 x^2 정사각형의 오른쪽에, 또 하나는 아래쪽에 붙여요. 그러면 오른쪽 도형은 한 변이 $\left(x+\frac{2}{3}\right)$인 정사각형이 되고, 왼쪽과 비교할 때 한 변이 $\frac{2}{3}$인 꼬마 정사각형이 더 붙은 셈이 되지요.

　따라서 $\left(\frac{2}{3}\right)^2$을 빼어야 왼쪽과 같은 면적이 된답니다.

$$\left(x+\frac{2}{3}\right)^2-\left(\frac{2}{3}\right)^2=\frac{11}{12}$$

$$\left(x+\frac{2}{3}\right)^2=\left(\frac{2}{3}\right)^2+\frac{11}{12}=\frac{4}{9}+\frac{11}{12}=\frac{49}{36}=\left(\frac{7}{6}\right)^2$$

$$x+\frac{2}{3}=\frac{7}{6}$$

$$\therefore\ x=\frac{7}{6}-\frac{2}{3}=\frac{1}{2}$$

따라서 구하는 변의 길이는 $\frac{1}{2}$이 돼요.

지금 여러분처럼 0과 이차방정식의 편리한 공식을 몰랐던 그 옛날 수학자가 머리를 짜서 만든 해법이랍니다. 어때요? 놀랍지 않나요?

개념다지기 문제 1 아래 현수교의 주 케이블은 이차함수의 그래프인 포물선 모양입니다. 왼쪽 탑을 y축으로 생각하고 도로에서 주 케이블까지의 높이를 y m, x축으로부터의 수평거리를 x m라고 할 때, x와 y 사이에는 $y=\frac{1}{9}x^2-\frac{20}{3}x+105$인 관계가 성립한다고 합니다. 주 케이블의 높이가 가장 낮은 지점은 y축에서부터 얼마만큼 떨어진 위치이며, 그 높이는 얼마인지를 구해 봅시다.

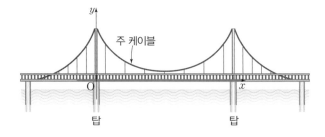

풀이 가장 낮은 높이를 찾으려면 먼저 주어진 식을 완전제곱의 꼴로 바꾸어야 해요.

$$y = \frac{1}{9}x^2 - \frac{20}{3}x + 105 = \frac{1}{9}(x^2 - 60x + 30^2) + 105 - \frac{30^2}{9}$$

$$= \frac{1}{9}(x-30)^2 + 105 - \frac{30^2}{9} = \frac{1}{9}(x-30)^2 + 105 - 100$$

$$= \frac{1}{9}(x-30)^2 + 5$$

즉 y축으로부터 $30\,\mathrm{m}$떨어진 위치의 주 케이블의 높이가 $5\,\mathrm{m}$로 가장 낮습니다.

개념다지기 문제 2 전국 모형항공기 대회에서 어린이들이 물로켓을 쏘며 즐거워하고 있어요. 물로켓$_{\mathrm{Water\ Rocket}}$은 페트병에다 물을 넣고 압축 공기로 단시간에 분출시키면 그 추진력으로 날아가는 원리랍니다. 발사한 물로켓의 t초 후의 높이를 $h\,\mathrm{m}$라고 할 때 $h = -5t^2 + 80t$라고 합니다. 물로켓이 가장 높이 올라갔을 때의 높이를 구해 봅시다.

풀이 로켓의 높이는 위로 볼록한 포물선이므로 꼭짓점의 좌표를 구하면 가장 높이 올라갔을 때의 높이를 구할 수 있어요.

$$h = -5t^2 + 80t = -5(t^2 - 16t) = -5(t-8)^2 + 320$$

즉 $t=8$일 때 h가 최댓값 320을 가지므로 물로켓이 가장 높이 올라갔을 때의 높이는 320(m)가 됩니다.

개념다지기 문제 3 어느 마트의 음료수 판매량을 조사했더니 지난달 한 개에 900원인 음료수가 400개 팔렸다고 합니다. 음료수의 가격을 x원 내리면 $2x$개가 더 많이 팔릴 것으로 예상된다고 해요. 전체 판매액을 y원이라 할 때 x와 y 사이에는 $y=-2x^2+1200x+360000$의 관계가 성립한다고 해요. 전체 판매액이 최대가 되게 하는 음료수 한 개의 가격을 구해 봅시다.

풀이

$$y=-2x^2+1200x+360000$$
$$=-2(x^2-600x)+360000$$
$$=-2(x^2-600x+300^2-300^2)+360000$$
$$=-2(x-300)^2+360000+180000$$
$$=-2(x-300)^2+540000$$

즉 $x=300$일 때 최댓값 $y=540000$이 돼요. 따라서 구하는 음료수의 가격은 900원에서 300원 할인한 600원이 됩니다.

제5장

통계

1. 주식의 그래프는 나이팅게일이 원조

어렸을 적에 재미있게 읽었던 위인전의 인물은 거의 남성들이에요. 예전에는 여성들이 능력을 발휘할 수 있는 기회가 많지 않았기 때문이랍니다. 하지만 그럼에도 불구하고 위인전에서 빠지지 않는 여성으로 나이팅게일이 있어요.

그녀는 1857년 크리미아 전쟁 때 간호사로 일하며 부상자들을 치료하고 있었어요. 나이팅게일은 날마다 부상자가 들어오고 나가는 모습을 지켜보며 앞으로 군인들이 얼마나 더 죽어야 하는지 무척 안타깝고 마음이 답답했어요.

나이팅게일은 곧 군인에 대한 사망 원인을 조금 더 정확하게 파악하기 위해 통계를 내기 시작했어요. 하루마다 부상자 수와 사망

자 수를 정리하여 꼬박꼬박 월별 그래프를 그렸답니다. 그 방법이 바로 오늘날 주식 변동을 나타내는 그래프의 효시가 되었어요.

간호사였던 나이팅게일은 말년에 영국 옥스퍼드대학에서 응용통계학 교수로 지내며 학생들을 가르쳤어요.

그녀는 이렇게 말하며 통계학을 예찬했어요.

"통계학은 사회와 자연 현상의 법칙을 발견하고 체계화시키는 학문으로, 신의 섭리를 이해할 수 있답니다."

2. 대푯값 : 평균과 중앙값

여러분은 1학년 때 통계 단원에서 주어진 자료를 가지고 **도수분포표**를 만드는 걸 배웠어요. 또한 그 표를 가지고 자료를 대표하는 값으로 **평균도** 구했지요. 그러나 평균만 가지고는 자료를 한눈에 파악하기 힘들기 때문에 자료가 변화하는 모습을 보기 쉽게 만든 것이 바로 **히스토그램**이었어요.

자, 이제 여러분은 중학교 3학년생으로 통계를 좀 더 깊이, 폭넓게 공부할 때랍니다.

통계를 내는 목적 중의 하나는 둘을 비교하기 위함이에요.

가령 민철이네 학교 3학년 1반과 2반의 수학 성취도를 비교한다든지, 그 학교 3학년 학생들의 키가 10년 전에 비하여 얼마나 더 커졌는지 또는 비만도는 얼마나 변했는지 등을 알아보기 위해 통계를 사용한답니다.

대푯값이란 자료 전체의 특징을 하나의 값으로 나타내는 수치를 말해요. 우리 친구들이 이미 초등학교 때부터 주로 사용해 온 평균이 바로 대푯값이지요. 그런데 통계의 자료, 즉 **변량**이 매우 크거나 작을 때는 평균이 그 값의 영향을 받아요. 따라서 평균이 자료 전체의 특징을 나타내는 대표성이 있다고 말할 수는 없지요.

예를 들어, 어떤 그룹 5명의 수학 성적이 다음과 같다고 해요.

A	B	C	D	E	합계	평균
88	100	92	40	80	400	80

이 학생들의 수학 성적 평균이 80점이라고 해서 이 그룹의 수학 성적 특징을 대표하는 값이라고 말할 수 있을까요? 표를 보면 100점이나 92점도 있는데 평균이 80점이 된 것은 가장 낮은 점수인 40점이 영향을 주었기 때문이에요.

이와 같은 경우에는 변량을 작은 값부터 차례로 나열한 후에 맨 가운데에 있는 값을 확인해야 해요. 다시 말해서 중앙에 오는 값이 평균보다 오히려 자료 전체의 특징을 잘 나타낸다고 할 수 있답니다. 그 값은 중앙에 있으므로 **중앙값**이라고 말해요.

위의 보기에서 5명의 수학 성적을 작은 값부터 차례로 늘어놓으면 40, 80, 88, 92, 100이 되어요. 5개 가운데 중앙에 있는 자료는 3번째 값이므로 88이 되는 것이죠. 즉 이 그룹의 수학 성적 평균은 80점이고, 중앙값은 88점이 된답니다.

40	80	88	92	100
		중앙값		

생각 열기 2012년 런던올림픽에서 우리나라 선수들은 많은 주목을 받았어요. 그 가운데 리듬 체조의 손연재 선수가 있답니다.

수영이나 육상은 여러 선수가 동시에 출발하여 빨리 골인하는 순서에 따라 1, 2, 3등이 정해지는 경기예요. 그러나 리듬 체조는 한 사람씩 기량을 펼치고, 각각 기술점수와 예술점수로 평가를 받아요. 두 부문의 점수를 합하여 순위를 매기는데, 때에 따라서는 심판들이 감정에 치우쳐 주관적으로 판단할 수가 있어요. 그래서 도입한 방법이 심판들이 준 점수 가운데 최고점과 최하점을 제외한 나머지 득점을 합하여 평균을 매겨 순위를 결정하는 거랍니다.

예를 들어 5명의 심판이 다음과 같이 점수를 주었다고 할 때, 일반적인 계산에 따른 평균 점수와 최고점과 최하점을 제외했을 때의 평균 점수를 각각 구하여 비교해 봐요.

심판원	A	B	C	D	E
점수	8.8	9.6	8.1	9.4	9.1

5명이 준 점수의 평균은 다음과 같아요.

$$\frac{1}{5}(8.8+9.6+8.1+9.4+9.1)=\frac{45.0}{5}=9.0(점)$$

최고점 9.6과 최저점 8.1을 뺀 나머지 점수의 평균은

$$\frac{1}{3}(8.8+9.4+9.1)=\frac{27.3}{3}=9.1(점)$$

올림픽과 같은 경기에서 0.1점의 차이는 메달을 따느냐, 못 따느냐를 가르는 엄청나게 중요한 수치입니다. 간혹 심판과 선수가 같은 나라 사람인 경우 주관적인 생각이 점수에 영향을 미칠 수도 있으므로 그러한 폐단을 막기 위해 보완된 채점 방식이지요.

이번에는 위의 표에서 중앙값을 구해 봐요. 심판의 평가 점수를 작은 값부터 나열해 보면 다음 표와 같아요.

| 8.1 | 8.8 | 9.1 | 9.4 | 9.6 |

중앙에 위치한 값은 3번째 항이므로 9.1점입니다. 바로 앞에서 최고점과 최저점을 뺀 나머지 점수들의 평균값과 같아졌어요. 이처럼 중앙값은 자료의 대푯값으로 사용하기에 합리적이랍니다.

약속

변량을 크기순으로 나열했을 때, 가운데에 위치한 값을 중앙값이라고 한다.

지금까지는 자료가 5개인 경우만 예로 들었지만 만약 자료가 6개라면 어떻게 될까요? 5개는 홀수로 3번째 값이 중앙값이 되지

만, 6개라면 3번째와 4번째의 자료를 합하여 평균을 내야 해요. 즉 한 번 더 계산을 해야 하지요. 조금 귀찮더라도 가능한 한 공평하고 정확한 값을 얻기 위해서 필요한 과정이에요.

자, 그렇다면 자료의 개수가 100일 경우 중앙값을 어떻게 구할까요? 위와 마찬가지로 50번째와 51번째의 값을 합하여 평균을 내면 되겠지요? 만약 25개 같은 홀수라면 1을 더하여 반으로 나누면 돼요. 즉 $\dfrac{25+1}{2}=13$번째 항이 중앙값이 된답니다.

이렇게 자료의 값이 매우 크거나 작은 값이 있는 경우에는 평균보다 중앙값이 그 자료의 중심 경향을 더 잘 나타내 주어요.

약속

중앙값을 구하는 방법

자료를 작은 값부터 크기 순서대로 n개를 나열했을 때

① n이 홀수 : $\dfrac{n+1}{2}$번째가 중앙값

② n이 짝수 : $\dfrac{n}{2}$번째와 $\left(\dfrac{n}{2}+1\right)$번째의 평균이 중앙값

---

3. 최빈값도 대푯값이라고?

뚱뚱한 여성들의 그밍은 00사이즈의 옷을 입는 셋이고, 뚱뚱한 여성들은 55사이즈의 옷을 입고 싶어 합니다. 그런데 사이즈 55, 66 등은 어떤 근거로 만들어진 것일까요?

여성 의류를 디자인할 때 사이즈를 44, 55, 66, 77, 88로 분류

하는 것은 여성 체형을 표준화한 결과예요. **표준화**란 제각각인 소
비자의 요구를 모두 다 제품으로 만들 수 없으므로 몇 개의 범주
로 나눈 것이랍니다.

가령 남성용 와이셔츠의 경우는 목둘레의 길이가, 바지는 허리
둘레의 길이와 키의 값이 꼭 필요해요. 보통 옷을 만들 때 몸의 체
형을 설명하는 3가지 요소는 키, 허리둘레, 가슴둘레랍니다. 왜
이 3가지로 정하는 걸까요?

그건 바로 조건을 1개만 늘려도 사이즈의 종류가 엄청나게 많
아지기 때문이에요. 종류가 많아지면 생산비가 많이 들 뿐만 아
니라 이월 상품도 많아지므로 합리적인 경영을 하기가 어려워요.

여성 의류의 경우에는 제일 많은 사이즈인 66이 **최빈값**이 된답
니다. 최빈값은 규격화된 용량, 기성복의 치수, 대학 입시에 활용하

저기, 표준화를
잘못한 것 같은데요……

낑 낑

size
44

는 내신 등급과 같은 자료의 대푯값을 구할 때 흔히 사용되곤 해요.

변량 중에서 가장 많이 나타난 값을 최빈값이라고 한다.

생각 열기

보람이네 학급에서 농구반 친구들의 운동복 상의 치수는 가슴둘레를 기준으로 다음과 같이 조사되었어요. 이때 운동복의 최빈값을 구하여 봅시다.

> 90 95 100 105 95 100 105 90 90 95
> 95 110 95 95 90

이 자료를 분석하여 보면 90이 4명, 95가 6명, 100이 2명, 105가 2명, 110이 1명입니다. 그러므로 최빈값은 빈도수가 가장 많은 95가 되는 거지요.

통계는 다른 단원처럼 계산과 추리만으로 해결되는 것이 아니라 주로 현실적인 면에서 판단해야 할 때가 많아요.

예를 들어, 하늘이는 학급 친구들의 키를 모두 재었어요. 그런 다음 몇 cm 구간이 가장 많은지, 친구들 42명의 평균키는 얼마나 되는지, 키 순서대로 줄을 섰다면 맨 가운데에 있는 친구는 몇 cm가 되는지 등을 생각해 보기로 했어요.

통계의 기초는 도수분포표이므로 우선 친구들의 키를 분류한 후에 도수분포표를 만들어 보았어요.

키(cm)	인원 수(명)
140^{이상} ~ 145^{미만}	6
145 ~ 150	8
150 ~ 155	7
155 ~ 160	10
160 ~ 165	7
165 ~ 170	4
합계	42

이 표를 보고 하늘이는 반 학생들 키의 평균, 중앙값, 최빈값, 대푯값이 각각 얼마나 차이가 나는지 알고 싶었어요. 어라? 그런데 각각의 답이 하나로 딱 떨어지지 않네요!

그건 바로 도수분포표가 계급값으로 주어졌기 때문이에요. 우선 대푯값이 있어야 편차를 알 수 있는데, 그러려면 평균이나 중앙값을 구하는 작업을 해야 한답니다.

4. 산포도가 무엇일까?

통계에서 편차는 꼭 필요할까요? 그 이유는 무엇일까요?

우진이는 방한복을 사려고 백화점(A)과 대형마트(B), 아울렛 매장(C)의 가격을 비교하여 보았더니 5종류의 가격대가 다음과 같았어요.

A		7	7	7	7	7	평균 : 7
B		5	6	7	8	9	평균 : 7
C		1	4	7	10	13	평균 : 7

세 곳에 진열되어 있는 방한복 다섯 종류의 가격을 가지고 평균과 중앙값을 계산해 보니 똑같이 7만 원이었어요. 즉 평균과 중앙값으로는 세 곳의 가격 차이가 없었답니다. 하지만 언뜻 보아도 세 곳의 가격은 분명히 큰 차이가 있어요. 어떤 점이 다른 것일까요?

바로 편차가 다르답니다. A백화점의 가격은 모두 7만 원이므로 전혀 편차가 없어요. B마트의 가격은 7만 원을 중심으로 5만 원부터 9만 원까지 흩어져 있고, C아울렛의 가격은 저렴한 1만 원부터 값비싼 13만 원까지 넓은 범위에 걸쳐 심한 편차를 보였어요.

이처럼 대푯값은 집단의 성격을 파악하기에 편리한 것이지만, 집단의 성격을 나타나기에는 충분하지 않음을 느낄 수 있어요. 이 사실은 통계에서 대푯값 이외에 편차가 왜 필요한지를 알려 주고 있답니다.

〈그림으로 표현한 편차〉

이 그림은 집단의 대푯값 이외에 편차의 중요성을 말해 주고 있어요. 통계는 실제로 우리 생활에서 지금 발생하고 있는 일과 연관해서 생각해야 한답니다.

예를 들어, 철이네 학교 3학년 1반과 2반의 수학 성적을 한번 살펴볼까요? 두 반의 평균은 똑같이 66점이에요. 이 경우 선생님의 입장에서 어느 반이 더 성취도가 높다고 판단할 수 있을까요?

1반	40	50	55	60	80	90	100	70	30	85
2반	50	50	60	70	80	85	65	55	60	85

1반은 100점 맞은 학생이 있는 반면에 30점도 있어요. 2반은 가장 높은 점수는 85점이지만 가장 낮은 점수는 50점으로 평균을 기준으로 고르게 분포되어 있지요.

1반과 2반의 중앙값을 구하기 위해 자료를 작은 값부터 차례로 나열해 봐요.

1반 : 30, 40, 50, 55, 60, 70, 80, 85, 90, 100
2반 : 50, 50, 55, 60, 60, 65, 70, 80, 85, 85

자료의 개수가 10이므로 짝수예요. 따라서 5번째와 6번째의 값을 평균내어 보면 중앙값을 구할 수 있어요.

$$1반의 중앙값 : \frac{60+70}{2} = \frac{130}{2} = 65$$

$$2반의 중앙값 : \frac{60+65}{2} = \frac{125}{2} = 62.5$$

한편 최빈값을 구해 보면 1반은 모든 변량의 도수가 1이므로 최빈값이 없어요. 2반의 경우도 변량이 50, 60, 85일 때 도수가 2이므로 최빈값은 없지요. 이 문제는 최빈값을 구하기에는 안 좋은 예랍니다.

이와 같이 평균, 중앙값, 최빈값과 같은 대푯값을 가지고 집단의 특징을 설명하기에는 뭔가 부족함이 있어요. 그래서 평균을 중심으로 자료의 흩어진 정도를 가지고 집단의 특징을 설명하고는 하는데 그것이 바로 **산포도**랍니다.

생각 열기 민정이는 엄마와 함께 장을 보며 달걀을 샀어요. 달걀 포장지에는 '특란'이라고 표시되어 있었지요. 민정이는 어떤 근거로 달걀을 특란이라고 규정하는지 궁금했어요.

대한양계협회에서는 다음과 같이 무게를 기준으로 달걀을 분류하고 있답니다.

규격	왕란	특란	대란	중란	소란
기준	68g^{이상}	68g^{미만} ~60g^{이상}	60g^{미만} ~52g^{이상}	52g^{미만} ~44g^{이상}	44g^{미만}

민정이는 특란으로 포장된 달걀이 기준에 맞게 포장되었는지 궁금했어요. 그래서 10개짜리 특란 2판의 무게를 실제로 측정하여 보았답니다.

A판	62	63	60	64	63	64	63	62	66	63
B판	61	66	62	60	65	62	63	61	64	66

달걀 무게의 평균을 구해 보면

A판 : $\dfrac{1}{10} \times (62+63+60+64+63+64+63+62+66+63)$

$\quad = \dfrac{630}{10} = 63(g)$

B판 : $\dfrac{1}{10} \times (61+66+62+60+65+62+63+61+64+66)$

$\quad = \dfrac{630}{10} = 63(g)$

즉 두 판의 평균이 똑같았어요.

이번에는 A, B 중 어느 것의 달걀 크기가 더 고른지를 관찰하려고 민정이는 달걀들의 무게를 그래프로 나타내어 보았어요.

A판의 달걀 무게는 평균인 63g 근처에 몰려 있었고, B판의 달걀들은 평균인 63g을 중심으로 좌우로 넓게 흩어져 있었어요.

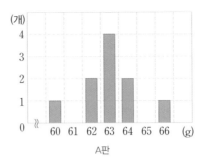

A판

B판

이렇게 두 자료의 평균은 같았지만 흩어져 있는 정도는 서로 달랐어요. 여기서 대푯값은 자료 전체의 특징을 나타내기는 하지만, 자료의 분포 상태를 알기에는 충분하지 않음을 알 수 있어요.

이렇게 자료의 분포 상태를 알아보기 위해서는 대푯값 이외에 자료가 평균을 중심으로 얼마나 흩어져 있는지 변량과 평균의 차를 이용하여 산포도로 나타내는 것이 좋답니다.

약속

(편차)=(자료의 값)-(평균)

이 문제를 가지고 편차를 한번 계산해 볼까요? 달걀 A판, B판의 무게 편차를 구하여 표로 나타내면 다음과 같아요.

달걀	1	2	3	4	5	6	7	9	9	10	합계
A판	-1	0	-3	1	0	1	0	-1	3	0	0
B판	-2	3	-1	-3	2	-1	0	-2	1	3	0

두 경우 모두 편차의 합은 0이 되므로 편차의 평균 역시 0입니다. 편차의 합이 0이 되는 것은 양수와 음수의 편차를 모두 더하기 때문이지요. 따라서 편차의 평균으로는 변량이 흩어져 있는 정도를 알 수 없으므로 편차의 합이 0이 되지 않도록 편차의 제곱을 계산하여 그 평균을 구합니다. 편차의 제곱으로 평균을 구하여 보면 다음과 같아요.

$$\text{A판} : \frac{(-1)^2+0^2+(-3)^2+1^2+0^2+1^2+0^2+(-1)^2+3^2+0^2}{2}$$

$$=\frac{22}{10}=2.2$$

$$\text{B판} : \frac{(-2)^2+3^2+(-1)^2+(-3)^2+2^2+(-1)^2+0^2+(-2)^2+1^2+3^2}{2}$$

$$=\frac{42}{10}=4.2$$

따라서 B판보다 A판의 달걀 무게가 더 고르다는 것을 알 수 있어요.

이와 같이 편차를 제곱한 평균값을 그 자료의 **분산**이라 하고, 분산의 음이 아닌 제곱근을 **표준편차**라고 합니다. 자료의 분산과 표준편차가 크면 클수록 그 자료의 분포 상태는 평균을 중심으로 흩어져 있는 정도가 더 심하다고 할 수 있어요.

약속

분산과 표준편차

$$분산 = \frac{(편차)^2의\ 총합}{(변량)의\ 개수}$$

$$표준편차 = \sqrt{(분산)}$$

---

5. 평균의 위험성

1920년대 중국에서 있었던 일이에요. 병사들을 데리고 적진으로 향하던 대장은 강을 건너게 되었어요. 대장이 참모에게 강의 평균 수심을 물었더니 참모는 평균 수심이 140cm라고 대답했지요. 병사들의 평균 키가 165cm라는 사실을 알고 있던 대장은 진격을 명령했어요. 165cm의 신장이라면 140cm 깊이의 강을 너끈히 건널 수 있다고 성급한 판단을 한 것이었지요. 하지만 그 결과는 무척 처참했어요. 병사들은 거의 다 물에 빠져 죽고 말았답니다!

사실 강 가운데의 수심은 병사들의 키보다도 훨씬 깊었어요. 무려 2m가 넘었기 때문에 총을 메고 완전 무장을 한 군인들은 강에서 빠져 나올 수가 없었어요.

여러분도 꼭 명심하세요. 강을 건널 때는 평균 수심이 아니라 가장 깊은 곳의 수심이 중요하답니다!

개념다지기 문제 1 다음은 윤지의 친한 친구 7명의 한 달 용돈을 조사한 표입니다. 평균, 중앙값, 최빈값 중에서 용돈을 대표하는 금액으로 적절하다고 생각하는 값이 무엇인지 살펴봐요.

(단위 : 만 원)

| 25 | 10 | 10 | 10 | 35 | 10 | 5 |

풀이 용돈의 평균은 다음과 같아요.

$$\frac{25+10+10+10+35+10+5}{7}=\frac{105}{7}=15(만 \ 원)$$

용돈을 차례대로 나열하면 5, 10, 10, 10, 10, 25, 35이므로 중앙값은 10만 원이고, 최빈값도 10만 원이 돼요.

따라서 평균은 비록 15만 원이지만 위의 자료를 대표하는 대푯값으로 가장 적당한 값은 중앙값과 최빈값인 10만 원이랍니다.

개념다지기 문제 2 다음은 어느 산부인과에서 8월 중 태어난 신생아 50명의 몸무게를 조사한 도수분포표입니다. 평균과 표준편차를 구해 봅시다.

몸무게(kg)	신생아 수(명)
$2^{이상} \sim 3^{미만}$	21
$3 \sim 4$	23
$4 \sim 5$	6
합계	50

풀이

$$평균 = \frac{2.5 \times 21 + 3.5 \times 23 + 4.5 \times 6}{50}$$

$$= \frac{52.5 + 80.5 + 27}{50} = \frac{160}{50} = 3.2 (\text{kg})$$

분산은 다음과 같아요.

$$\frac{(-0.7)^2 \times 21 + 0.3^2 \times 23 + 1.3^2 \times 6}{50}$$

$$= \frac{10.29 + 2.07 + 10.14}{50} = \frac{22.5}{50} = 0.45 (\text{kg})$$

즉 평균 몸무게는 3.2kg이고 표준편차는 $\sqrt{0.45}$kg입니다.

우리는 표를 보고, 신생아의 체중은 3kg 이상~4kg 미만이 가
장 빈도수가 높음을 알 수 있어요.

개념다지기 문제 3 **다음은 두 명의 양궁 선수가 과녁판에 5발을 쏜 결과입니**
다. 어느 선수가 더 고르게 쏘았는지를 구해 봅시다.

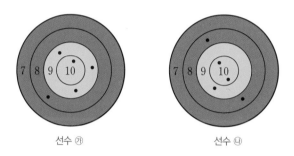

선수 ㉮   선수 ㉯

풀이 두 선수의 점수를 표로 정리하면 다음과 같아요.

선수 ㉮	8	9	9	9	10
선수 ㉯	8	8	9	10	10

선수 ㉮의 평균을 구하면

$$\frac{1}{5}(8+9+9+9+10)=\frac{45}{5}=9(\text{점})$$

선수 ㉯의 평균은

$$\frac{1}{5}(8+8+9+10+10)=\frac{45}{5}=9(\text{점})$$

즉 두 선수의 평균은 같답니다. 이번에는 각 선수의 분산을 구해 봐요.

선수 ㉮의 분산은

$$\frac{1}{5}\{(8-9)^2+(9-9)^2+(9-9)^2+(9-9)^2+(10-9)^2\}=\frac{2}{5}=0.4$$

이고 표준편차는 $\sqrt{0.4}$예요.

선수 ㉯의 분산은

$$\frac{1}{5}\{(8-9)^2+(8-9)^2+(9-9)^2+(10-9)^2+(10-9)^2\}=\frac{4}{5}=0.8$$

이고 표준편차는 $\sqrt{0.8}$입니다.

따라서 점수가 고른 선수는 표준편차가 더 작은 선수 ㉮입니다.

제6장

피타고라스

1. 피타고라스 이야기

젊은 시절 피타고라스는 당시의 문명국인 이집트, 바빌로니아 그리고 멀리 인도까지 여행했어요. 그는 '모든 것은 數'라는 생각을 갖고, 음악과 수 이론에 관한 중요한 이론을 많이 세웠어요. 특히 피타고라스는 증명의 중요성에 대하여 확고한 신념을 갖게 되었지요.

다른 문명국에서도 "삼각형의 세 변의 길이가 각각 3, 4, 5일 때는 직각삼각형이다."라는 사실을 잘 알고 있었어요. 그리고 그 사실을 이용하여 땅의 넓이를 재거나 거대한 건축물의 중심 기둥을 세우고는 했지요. 다만, 증명하는 데에는 관심이 없었어요. 헌데 유독 피타고라스만 "증명이 안 되면 진리가 아니다."라는 신념을 가지고 있었어요.

그는 맨 처음으로 직각삼각형의 세 변의 길이가 3, 4, 5일 때뿐만 아니라 3개의 수 a, b, c가 $a^2+b^2=c^2$일 때는 직각삼각형이 된다는 것을 증명했어요.

이 정리는 인류의 문명 발달에 매우 중요한 것으로써 이 사실을 몰랐다면 지금처럼 원자력을 이용하거나 우주선을 발사하는 일 등을 할 수 없었을 거예요.

처음에 이 원리는 '삼평방의 정리'라고 불렸지만 정리를 증명한 피타고라스의 공적을 기리기 위해 '피타고라스의 정리'라는 이름으로 부른답니다.

이 정리는 간단한 증명 방법만도 100개가 넘으며, 많게는 300

가지 정도의 방법으로 증명할 수 있다고 해요. 그 가운데에는 물리학자 아인슈타인이 증명한 방법, 미국의 제20대 대통령 가필드의 증명법도 있답니다. 우리 친구들도 새로운 또 하나의 '피타고라스 정리 증명법'을 찾을 수 있을지도 몰라요.

2. 피타고라스 정리가 증명되기까지

피타고라스는 늘 걸으면서 생각하는 버릇이 있었어요. 하루는 사원에서 기도를 마치고 나오면서 세 변의 길이가 3, 4, 5일 때 직각삼각형이 되는 이유를 생각하고 있었어요. 그러다 그만 발을 헛딛어 넘어지고 말았어요. 피타고라스는 바닥에서 일어나는 순간 눈이 번쩍 뜨일 만한 것을 발견했답니다. 바로 아래의 타일 그림이었어요.

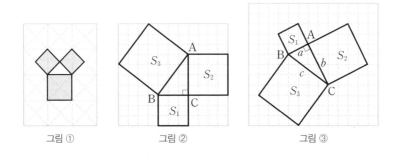

그림 ①을 자세히 살펴보면 2개의 작은 정사각형 안에 같은 크기의 직각이등변삼각형이 2개씩 모두 4개가 있고, 아래의 정사각형에도 똑같은 모양의 직각이등변삼각형이 4개 있어요.

피타고라스는 이 타일을 보고 "위의 두 개의 정사각형의 넓이는 아래 큰 정사각형의 넓이와 같다."라는 사실을 알아차렸어요. 그 다음 더 나아가서 $3^2+4^2=5^2$이라는 사실도 알아차렸지요. 그는 발이 아픈 것도 잊은 채 그림 ①에서 그림 ②를 생각해 내었고, 다시 그림 ③으로 생각을 넓혀 나가면서 자신도 모르게 '아하!'를 외쳤어요.

피타고라스는 "모든 직각삼각형에서 빗변의 제곱은 다른 두 변의 제곱의 합이다."라는 사실을 완벽하게 증명해 보였어요. 그리고 신이 일부러 자기 발을 들어서 바닥을 보게 한 것으로 생각해 신에게 감사하다는 뜻으로 소 100마리를 제물로 바쳤다고 해요. 옛날에는 제단 위에서 소나 염소를 불에 태우면 그 연기를 신이 흠향한다고 믿었답니다. 피타고라스는 제사를 끝낸 후 많은 사람

들과 함께 획기적인 발견을 축하하는 파티까지 열었대요.

그런데 나중에 수학자인 유클리드는 타일을 이용하는 대신 우리 친구들의 교과서에 있는 것 같은 연역법과 그림 ④의 도형을 이용해 그 정리를 다시 증명해 냈답니다.

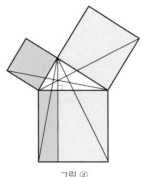

그림 ④

그럼 지금부터는 피타고라스가 사용한 증명법에 대해 조금 더 자세히 살펴볼까요? 피타고라스의 증명 방법은 다음과 같아요.

> **피타고라스의 증명법**
> ① 마룻바닥에서 본 타일 모양에서 두 개의 직각이등변 삼각형과 정사각형을 구분해 낸다.
> ② 각 변이 3, 4, 5일 때의 직각삼각형에 대해 알아본다.
> ③ 각 변이 a, b, c일 때의 직각삼각형에 대해 생각한다.

피타고라스는 타일의 개수를 이용해서 위의 ①, ② 단계를 거쳤고, 마침내 증명에 성공했답니다.

피타고라스가 이 내용을 기록으로 남기지는 않았지만, 아마도 다음과 같은 계산을 이용했을 것 같아요.

우선 직각삼각형 ABC를 이용하여 다음의 오른쪽 그림과 같이 큰 정사각형을 만듭니다.

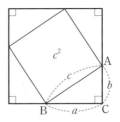

바깥 정사각형의 넓이는 $(a+b)^2$이고, 4개의 직각삼각형의 넓이는 $4 \times \dfrac{1}{2}ab$입니다.

(큰 정사각형)$-$(4개의 직각삼각형)$=$(내부의 작은 정사각형)

$$\therefore (a+b)^2 - 4 \times \frac{1}{2}ab = c^2$$

$$a^2 + 2ab + b^2 - 2ab = c^2$$

$$\therefore a^2 + b^2 = c^2$$

어때요? 타일 도형으로 이러한 정리를 증명해 냈다는 사실이 대단하지 않나요?

3. 피타고라스 정리의 역

옆의 그림은 모눈종이 위에 △ABC의 각 변을 한 변으로 하는 정사각형을 그린 것이에요. 모눈 한 칸의 넓이를 1이라고 생각해 봐요.

이때 직각삼각형 ABC의 각 변을 한 변

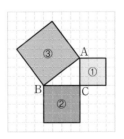

으로 하는 정사각형 세 개의 넓이는 얼마나 될까요?

정사각형을 이루는 모눈종이의 칸을 세어 보면 ①은 9칸, ②는 16칸, ③은 25칸이에요. 그런데 ③이 25칸이라는 것을 어떻게 셀 수 있을까요? ①과 ②는 반듯한 정사각형이므로 세기가 좋지만 ③은 대각선에 걸쳐 있어요. 이럴 때는 삼각형으로 쪼개어서 세면 좋답니다.

이렇게 다각형의 넓이를 구할 때는 삼각형으로 분할해서 생각하면 훨씬 쉬워요. 옆의 그림을 한번 보세요. 정사각형 ③을 여러 개의 삼각형으로 나눈 것이에요. 삼각형 a, b, c, d는 각각 밑변이 4칸, 높이가 3칸이므로

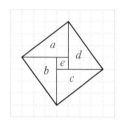

넓이는 6이 되겠죠. 그런데 삼각형이 모두 4개이므로 6×4＝24이고, 가운데 1칸을 더해서 모두 25칸이 되는 거예요.

다시 말해서 정사각형 ①과 ②의 합이 ③과 같다는 사실이 바로 '피타고라스의 정리'랍니다. 이렇듯 피타고라스의 정리는 모든 직각삼각형에서 성립해요.

직각삼각형으로 분할된 정사각형은 우리 조상들도 칠교 무늬라고 부르며 생활 속에서 자연스레 사용했던 도형이에요. 칠교 무늬는 방석이나 손수건, 탁자 등 여러 가지 물건을 만들 때 사용되었답니다. 이처럼 수학적 증명은 생각보다 우리 생활에 더 가까이 위치해 있어요.

앞으로는 피타고라스의 정리를 다음과 같이 확장할 거예요.

먼저 어떤 직각삼각형이 있을 때, 삼각형의 세 변을 한 변으로 하는 정사각형을 생각하세요. 그런 다음 작은 정사각형의 넓이 2개의 합이 큰 정사각형의 넓이와 같음을 잊지 마세요!

즉 $(\overline{AC})^2 + (\overline{BC})^2 = (\overline{AB})^2$이 되는 거지요.

그리고 '피타고라스의 정리'를 외울 때에는 조금 더 쉽게 변의 길이로 암기하는 것이 좋아요.

옆의 그림과 같이 직각삼각형의 세 변을 a, b, c라고 할 때 피타고라스의 정리에 따라 $a^2 + b^2 = c^2$입니다.

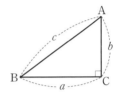

이 정리는 앞에서도 이야기했듯이 이집트, 바빌로니아, 인도와 같은 나라에서만 사용했던 지식은 아니에

요. 동양에서도 문명의 발상지인 중국에서는 이미 알고 있었던 내용이었지요. 옛날 사람들은 이 원리를 건축에 사용하기도 했고, 특히 중국과 우리나라에서는 구고현이라는 이름으로 불렀어요.

하지만 이 원리를 굳이 '피타고라스의 정리'라고 부르는 것은 앞에서도 이야기했듯이 유독 피타고라스만이 이 사실을 수학적인 기호를 사용하여 논증적으로 증명했기 때문이에요.

$a^2+b^2=c^2$이라는 이 정리는 무척 유명해서 이미 이야기했듯이 증명법이 무려 300가지 이상이나 돼요. 〈모나리자〉와 〈최후의 만찬〉 그림으로 유명한 레오나르도 다 빈치도 이 정리를 독특한 방법으로 증명했을 정도랍니다.

그럼 이쯤에서 우리도 피타고라스의 정리를 다른 방법으로 공부해 보는 건 어떨까요?

먼저 오른쪽 그림과 같이 $\angle C=90°$인 직각삼각형 ABC의 세 변의 길이를 a, b, c라고 합시다. 그 다음 점 C에서 두 변 $\overline{AC}$, $\overline{BC}$를 각각 연장하여 오른쪽 그림과 같이 한 변의 길이가 $a+b$인 정사각형 EFCD를 그려요.

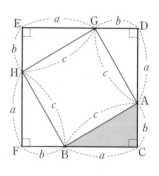

다시 두 변 $\overline{DG}=\overline{EH}=b$가 되도록 두 섬 G, H를 잡은 다음 한 변의 길이가 c인 정사각형 GHBA를 그려요. 그러면 △ABC≡△GAD≡△HGE≡△BHF이므로

$$\overline{BA}=\overline{AG}=\overline{GH}=\overline{HB}=c \cdots\cdots ①$$

그런데 $\angle ABC = \angle GAD \cdots\cdots ②$

$\angle CAB + \angle ABC = 90°$이므로 ②에 의하여

$\angle CAB + \angle GAD = 90°$가 되어요.

$$\therefore \angle BAG = 90° \cdots\cdots ③$$

따라서 ①, ③에 의하여 □EFCD는 서로 합동인 네 개의 직각 삼각형과 한 개의 정사각형 □GHBA로 나누어집니다.

$$\square EFCD = 4\triangle ABC + \square GHBA$$
$$(a+b)^2 = 4 \times \frac{1}{2}ab + c^2$$
$$a^2 + 2ab + b^2 = 2ab + c^2$$
$$\therefore a^2 + b^2 = c^2$$

그런데 $a^2 + b^2 = c^2$의 역도 성립할까요?

수학에서는 'A이면 B이다'라는 정리가 있을 때 'B이면 A이다'라는 내용을 앞 정리의 역이라고 말해요.

예를 들어 "사람은 포유류이다."라는 명제는 참이에요. 이 내용에 수학을 적용하면 "포유류는 사람이다."라는 문장이 앞 문장의 역이라는 얘기이죠. 그런데 어떤가요? 조금 이상하죠? 사람이 포유류라는 것은 참인 명제이지만 그 역은 참이 아니에요.

즉 수학의 정리가 참이라고 해서 그 역이 모두 참인 것은 아니

랍니다. 그런데 '피타고라스 정리'는 그 역도 참이 돼요. 문장으로 써 보면 "$a^2 + b^2 = c^2$인 삼각형은 직각삼각형이다."라는 말 역시 참 이라는 얘기입니다.

피타고라스의 정리는 세 변의 길이 사이에 식 $a^2 + b^2 = c^2$이 성 립함을 뜻하는데 그 역은 "a, b, c를 세 변으로 하는 삼각형에서 식 $a^2 + b^2 = c^2$이 성립하면 **직각삼각형**이다."라는 뜻이에요.

그럼 지금부터 역을 증명해 볼까요?

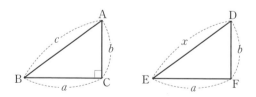

앞의 그림과 같은 삼각형 2개를 생각해 보세요. 하나는 직각삼각형이고 또 하나는 직각삼각형인지, 아닌지 모르는 것으로 가정해요.

먼저 변의 길이가 a, b, c인 직각삼각형 ABC에서는 피타고라스의 정리가 성립하므로

$$a^2 + b^2 = c^2 \cdots\cdots ①$$

그 다음 빗변이 아닌 두 변이 a, b이고, 빗변이 x인 삼각형 DEF에서 처음의 가정을 따르면

$$a^2 + b^2 = x^2 \cdots\cdots ②$$

①과 ②에서 $x^2 = c^2$이며, △ABC와 △DEF는 세 변의 길이가 같으므로 합동이 돼요.

$$\therefore \angle C = \angle F = 90°$$

그러므로 △DEF는 직각삼각형이 됩니다. 다시 말해서 피타고라스의 정리인 $a^2 + b^2 = c^2$이 성립하면 그 삼각형은 항상 직각삼각형이라는 뜻이에요.

피타고라스의 정리

직각삼각형 ABC에서, 직각을 낀 두 변을 a,
b, 빗변을 c라고 하면 $a^2+b^2=c^2$이다.
역으로 $a^2+b^2=c^2$인 삼각형은 역시 직각삼각
형이다.

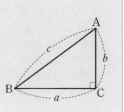

4. 정오각형 별에도 피타고라스의 정리가 숨어 있다?

피타고라스의 정리 $a^2+b^2=c^2$에서 a, b, c가 세 변의 길이이므
로 a^2, b^2, c^2은 앞의 예처럼 3개의 정사각형을 떠올리게 합니다.
하지만 재미있는 사실은 정사각형 대신에 정삼각형을 작도해도 작
은 정삼각형 2개의 합이 큰 정삼각형 1개의 넓이와 같다는 점이에
요. 이 내용은 정오각형일 때도 성립하고, 오각형의 별에서도 성
립한다는 것을 다음 그림을 보면 알 수 있어요.

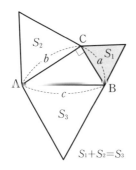

$S_1+S_2=S_3$

$P_1=3.48\,\text{cm}^2$
$P_2=11.21\,\text{cm}^2$
$P_3=14.70\,\text{cm}^2$
$P_1+P_2=14.69\,\text{cm}^2$

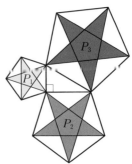

정오각형 별 모양의 경우 면적은 어떻게 구할까요? 또 두 별의 넓이의 합이 큰 별과 같음을 어떻게 알 수 있을까요? 바로 여러분의 친구인 컴퓨터 덕분에 우리는 쉽게 확인할 수 있답니다.

컴퓨터 프로그램 중에는 기하 프로그램인 GSPGeometric Skech Pad라는 것이 있어요. 이 프로그램을 사용하면 알아서 면적을 척척 계산해 준답니다. 이 프로그램에 따르면 앞의 그림에서 노란별과 파란별의 넓이의 합은 빨간별의 면적과 같아요.

생각 열기 피타고라스의 정리를 이용하여 직각삼각형에서 변의 길이를 구해 봅시다.

직각삼각형에서 두 변의 길이를 알 때, 피타고라스의 정리를 이용하면 나머지 한 변의 길이를 쉽게 구할 수 있어요.

오른쪽과 같은 직각삼각형 ABC에서 직각을 낀 두 변의 길이를 a, b라 하고, 빗변의 길이를 c라고 한 다음 피타고라스의 정리 $a^2+b^2=c^2$을 활용해 봐요.

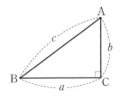

먼저 $c^2=a^2+b^2$이므로 제곱근을 구하면 $c=\pm\sqrt{a^2+b^2}$이 됩니다. 그러나 c의 값은 변의 길이이므로 음수는 버려야 해요. 따라서 $c=\sqrt{a^2+b^2}$이 되어요.

이번에는 b, c의 값을 알 때 a의 값을 구해 볼까요?

그럴 때는 먼저 $a^2+b^2=c^2$에서 $a^2=c^2-b^2$으로 만들어서 루트를 씌우면 돼요. 그런 다음 음수를 버리면 $a=\sqrt{c^2-b^2}$이 되겠죠.

실제 문제를 한번 풀어 볼까요?

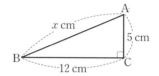

∠C=90°인 직각삼각형 ABC에서 $\overline{AC}$=5cm, $\overline{BC}$=12cm일 때, $\overline{AB}$의 길이를 구해 봅시다.

구하려는 $\overline{AB}$의 길이를 x라고 하면, 피타고라스 정리에 의해

$$x^2=12^2+5^2=144+25=169$$

$$x=\pm\sqrt{169}=\pm13$$

이때 변의 길이 x는 0보다 커야 하므로 $\overline{AB}$의 길이는 13(cm)입니다.

또한 "세 변의 길이가 각각 a, b, c인 △ABC에서 $a^2+b^2=c^2$이 성립하면 △ABC는 ∠C=90°인 직각삼각형이다."라는 것이 바로 '피타고라스 정리의 역'이었어요. 이 내용은 어떤 삼각형이 직각삼각형인지 아닌지를 판단하는 데 활용되는 편리한 도구랍니다.

5. 평면도형으로 활용

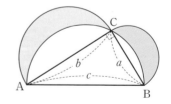

니 노형을 보면 초승달 모양의 면적이 두 개 보여요. 그런데 a=3cm, b=4cm라고 하면 2개의 초승달 모양 면적은 모두 6cm²가 되어요.

이 도형을 보자마자 2개의 초승달 면적의 합을 금방 알아낼 수 있는 비법은 바로 피타고라스의 정리를 활용했기 때문이랍니다!

앞에서 피타고라스의 정리가 정삼각형과 정오각형, 정오각형의 별일 때도 성립한다고 말했어요. 그 내용은 반원일 때도 역시 성립한답니다. 방법은 다음과 같이 도형을 한번 뒤집어서 $S_1 + S_2 = S_3$를 이용하기만 하면 돼요. 이 문제는 친구들에게 숙제로 돌릴게요. 심심할 때 한번 풀어 보세요!

이번에는 직사각형에서 두 변의 길이가 주어졌을 때 대각선의 길이를 구해 봐요.

직사각형의 대각선을 구할 때는 먼저 직사각형을 2개로 나누어 직각삼각형 2개로 만들면 돼요. 가로, 세로의 길이가 각각 a, b인 직사각형 ABCD에서 대각선 $\overline{BD}$의

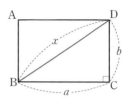

길이를 x라고 하면 피타고라스의 정리에 의하여 $x^2 = a^2 + b^2$입니다. 그런데 $x > 0$이므로 $x = \sqrt{a^2 + b^2}$이 됩니다.

생각 열기 피타고라스의 정리를 이용하여 한 변의 길이가 a인 정삼각형의 높이와 넓이를 구해 볼까요?

오른쪽 그림과 같이 정삼각형 ABC의 꼭 짓점 A에서 변 $\overline{BC}$에 내린 수선의 발을 H라고 하면

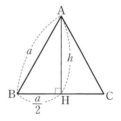

$$\overline{BH} = \overline{CH} = \frac{a}{2}$$

△ABH에서 $\overline{AH} = h$라고 하면 피타고 라스의 정리에 의하여

$$h^2 + \left(\frac{a}{2}\right)^2 = a^2$$

$$h^2 = a^2 - \left(\frac{a}{2}\right)^2 = a^2 - \frac{a^2}{4} = \frac{3}{4}a^2$$

$$h > 0이므로 h = \sqrt{\frac{3}{4}a^2} = \frac{\sqrt{3}}{2}a$$

그러므로 정삼각형의 넓이는 다음과 같습니다.

$$\triangle ABH의 넓이 = 밑변 \times 높이 \div 2 = a \times \frac{\sqrt{3}}{2} a \times \frac{1}{2} = \frac{\sqrt{3}}{4} a^2$$

이 공식은 앞으로 많이 사용되기 때문에 미리 외워 두는 게 편리할 거예요!

그럼 실전으로 들어가서, 한 변의 길이가 $4\,cm$인 정삼각형의 넓이를 구해 볼까요? 공식을 이용하면

$$정삼각형이 넓이 = \frac{\sqrt{3}}{4} a^2 = \frac{\sqrt{3}}{4} \times 4^2 = 4\sqrt{3}\,(cm^2)$$

또 한 변의 길이가 $\sqrt{3}$인 정삼각형의 넓이는

$$\frac{\sqrt{3}}{4} a^2 = \frac{\sqrt{3}}{4} \times (\sqrt{3})^2 = \frac{3\sqrt{3}}{4}\text{이 됩니다.}$$

약속

한 변의 길이가 a인 정삼각형의 높이 : $\dfrac{\sqrt{3}}{2} a$

한 변의 길이가 a인 정삼각형의 넓이 : $\dfrac{\sqrt{3}}{4} a^2$

---

6. 입체도형에 피타고라스의 정리 적용하기

이제는 여러분이 좋아하는 3D로 피타고라스의 정리를 확대해 볼게요. 2차원 평면에서 3차원 입체로 출발!

3차원 도형에서 피타고라스의 정리를 활용할 수 있는 문제는

무엇이 있을까요? 직육면체 어항이나 택배 상자의 대각선 길이, 수영장이나 공중목욕탕의 욕탕의 대각선 길이 등 많은 문제들을 구할 수 있답니다. 물론 직육면체 꼴일 때만이지만요.

오른쪽 그림과 같이 세 모서리의 길이가 각각 10m, 5m, 2m인 직육면체 모양의 수영장이 있어요. 이 수영장의 대각선의 길이를 구하려고 한다면 어떻게 하면 좋을까요?

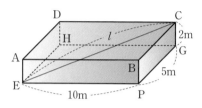

먼저 밑면의 가로, 세로의 길이가 10m, 5m이므로 △EGP에서 대각선 EG의 길이를 d라고 하면 피타고라스의 정리에 의하여

$$d^2 = 10^2 + 5^2 = 125$$

그리고 △CEG는 ∠CGE=90°인 직각삼각형이므로

$$l^2 = d^2 + 2^2 = (10^2 + 5^2) + 2^2 = 129$$

대각선 l의 길이는 0보다 커야 하므로 $l = \sqrt{129}$(m)입니다.
그러므로 우리는 여기서 또 하나의 공식을 유도할 수 있답니다.

약속

세 변의 길이가 a, b, c인 직육면체에서
대각선의 길이 $= \sqrt{a^2 + b^2 + c^2}$

7. 불가사의한 이집트의 피라미드

고대 이집트는 영혼 불멸설을 믿었던 민족이었어요. 즉 이 세상에서 살다가 죽으면 육체는 끝이지만, 영혼은 저 세상으로 가서 영원히 살며 절대로 소멸되지 않는다는 믿음을 가지고 있었지요. 절대 권력자인 파라오들은 왕으로 즉위하면 자신의 무덤을 건설하기 시작했어요. 죽은 후에는 나일 강의 신, 즉 저승에 있는 오시리스와 결합하여 한 몸이 된다고 믿었지요. 심지어는 신으로 부활하여 나일 강의 홍수를 조절하며 풍년을 가져다준다고도 믿었어요.

기원전 2575년경 기제에 건립한 쿠푸왕의 피라미드는 2.5톤의 돌을 230만 개나 사용했다고 해요. 만약 그 돌들을 2분에 1개씩 하루에 약 340개를 쌓았다고 가정할 때 피라미드를 만드는 데 약 23년이 걸린다는 계산이 나올 정도로 어마어마한 양이었지요.

대체 이런 피라미드를 어떻게 건설했는지 정말 불가사의한 일이에요. 약 2만 내지 3만 명의 노동자가 건설에 참여했을 것으로 추측되지만 과연 풍부한 인력만으로 쉽게 건설할 수 있는 걸까요?

그건 천만의 말씀이랍니다. 피라미드와 같은 거대한 건축물은 수학적 지식이 없이는 절대로 건설할 수 없어요. 그리고 피라미드 건축에 사용된 수학은 바로 피타고라스의 정리랍니다!

피라미드는 밑면을 정확하게 정사각형으로 작도해야만 돌들을 다 쌓아 올렸을 때 꼭대기가 정확하게 들어맞게 돼요. 이 사실만 보아도 당시의 측량 기술이 얼마나 발달했는지 알 수 있답니다.

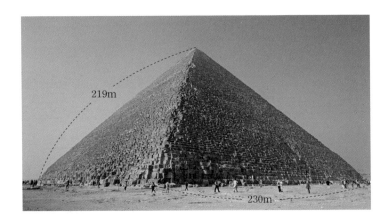

219m

230m

가장 유명한 쿠푸왕의 피라미드는 밑면의 경우 한 변의 길이가 230m인 정사각형이고, 옆면 모서리의 길이는 모두 219m인 정사각뿔 모양이에요.

여러분이 피라미드의 높이를 한번 계산해 보면 그 일이 얼마나 대단한 일이었는지 느낄 수 있을 거예요. 또한 앞으로 이집트 여행을 가게 된다면 훨씬 신 나고 실감나는 여행이 될 거라고 확신할 수 있어요. 아는 만큼 보이는 거니까요!

지금 한번 직접 계산해 볼까요?

피라미드의 밑면은 정사각형이므로 밑면의 대각선의 길이는

$$\sqrt{230^2 + 230^2} = 230\sqrt{2}\,(\text{m})$$

따라서 피라미드의 높이는

$$\sqrt{219^2-\left(\frac{230\sqrt{2}}{2}\right)^2}=\sqrt{47961-26450}=\sqrt{21511}=7\sqrt{439}\text{(m)}$$

즉 대략 $147\text{m}(\because 7\sqrt{439}\fallingdotseq7\times21)$이므로 피라미드는 약 50층
정도 되는 초고층 아파트만큼 높은 거대한 건축물임을 알 수 있답
니다.

8. 어린 세종이 만든 '피타고라스의 정리' 도형

한글을 창제한 세종대왕은 어렸을 때부터 공부하는 것을 좋아
했어요. 특히 수학에 관심이 많았답니다. 세종대왕이 만든 한글의
우수성은 600년이 지난 21세기에도 과학성, 합리성, 독창성 면에

서 인정받고 있어요. 이러한 한글을 창제하면서 생긴 눈병 때문에 세종대왕이 초정약수터에 가서 눈병을 치료했다는 일화는 유명하지요.

세종대왕의 어렸을 때 이름은 이도李祹였어요. 꼬마 이도는 어렸을 적에 과연 무엇을 가지고 놀았을까요? 여러분은 칠교놀이를 들어본 적이 있나요? 고신대학교의 김상윤 교수는 재미있는 가설 하나를 발표했어요.

"탐구형 아이였던 이도는 왕궁에서 칠교놀이를 하면서 자랐으므로, 한글을 만들 때 칠교놀이에서 아이디어를 얻었을 것이다. 또한 피타고라스의 정리까지 만들었을 것으로 추정된다."

칠교놀이는 언제 누가 만들었는지는 정확하게 알려지지 않았어요. 하지만 칠교七巧라는 단어는 2600년 전 중국 주나라 때 처음 사용되었으며, 서양에서는 탱그램tangram으로 불리기도 하지요. 칠교는 7개의 조각으로 분리되는데, 그 조각들로 만들 수 있는 모양의 수가 무려 1600가지 이상이나 된다고 해요.

칠교판은 직각이등변삼각형 모양 5개(큰 것 2개, 중간 크기 1개, 작은 것 2개)와 정사각형 모양 1개, 평행사변형 모양 1개 등 모두 7개의 조각으로 구성되어 있어요.

여러분이 어렸을 적에 많이 했던 퍼즐 조각은 원래 자기 자리를 찾는 놀이였어요. 원래 자리에 빈틈없이 딱 들어맞아야만 완벽한 그림이 완성된답니다. 하지만 칠교는 각 조각들을 이용하여 여러 가지 도형을 만들 수 있기 때문에 스스로 이야기를 전개할 수 있는 매우 창의적인 놀이도구예요.

다음과 같이 칠교판 2세트를 준비해 보세요. 이제부터 우리는 이 조각들을 가지고 피타고라스의 정리를 만드는 칠교놀이를 함께 해 볼 거예요.

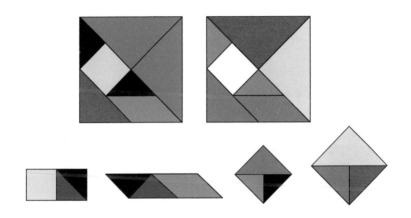

먼저 위 그림에 있는 조각들의 크기를 비교해 봐요. 삼각형(소) 2개를 합하면 정사각형이나 평행사변형 또는 삼각형(중)이 되어요. 삼각형(중) 2개를 합하면 삼각형(대)이 되므로 삼각형(소)의 면적을 1이라고 가정할 때 정사각형, 평행사변형, 삼각형(중)의 면적은 모두 2가 되며, 삼각형(대)의 면적은 4가 돼요.

자, 이제 피타고라스의 정리를 증명할 준비가 서서히 되었어요. 추측컨대 꼬마 이도도 처음부터 완벽한 피타고라스의 정리를 만들지는 못했을 것 같아요. 아마 차례차례 단계를 넓혀 갔겠지요?

다음 그림은 중간 크기의 직각삼각형으로 가운데 빈 공간을 만들어 놓았을 때, 밑변과 높이에 붙은 삼각형 2개는 각각 삼각형(소)이므로 그 넓이의 합은 2예요. 그때 빗변에 붙은 삼각형은 중간 크기이므로 넓이는 2가 되어 피타고라스의 정리를 만족한답니다.

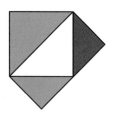

다음 그림은 칠교판 2세트, 14조각으로 만든 도형이에요. 삼각형(소)의 면적을 1이라고 가정할 때 가운데 삼각형의 아래쪽에 붙은 정사각형의 면적은 8, 오른쪽에 붙은 정사각형의 면적도 8, 빗변에 있는 커다란 정사각형은 16이지요. 즉 8+8=16이 된 거예요. 이번에도 피타고라스의 정리 증명 성공!

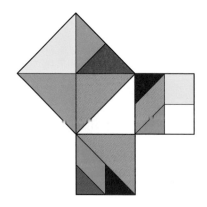

9. 미국의 가필드 대통령의 증명법

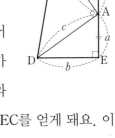

미국의 대통령이었던 가필드는 수학을 취미이자 놀이로 여겼던 것 같아요. 그가 만든 '피타고라스의 정리' 증명 방법을 한번 살펴봐요.

오른쪽과 같은 직각삼각형 △ABC가 있어요. 변 $\overline{\text{CA}}$를 아래로 연장한 다음, $\overline{\text{BC}}=\overline{\text{AE}}$가 되도록 점 E를 잡고, $\overline{\text{CA}}=\overline{\text{DE}}$이면서 변 $\overline{\text{BC}}$와 평행한 변 $\overline{\text{DE}}$를 그어요. 그러면 사다리꼴 BDEC를 얻게 돼요. 이때 사다리꼴의 면적을 다음 2개의 사실을 이용하여 구해 봐요.

(1) 사다리꼴의 면적을 구한다.

(2) 직각삼각형 3개의 면적의 합=사다리꼴의 넓이

우선 사다리꼴의 넓이를 구하는 공식은 (밑변＋윗변)×높이÷2 이므로

$$□\text{BDEC의 면적}=\frac{1}{2}(\overline{\text{DE}}+\overline{\text{BC}})\times\overline{\text{EC}}=\frac{1}{2}(a+b)(a+b)$$

$$=\frac{1}{2}(a+b)^2$$

그리고 △ABD의 면적은 $\frac{1}{2}c^2$

△ABC의 면적＝△ADE의 면적＝$\frac{1}{2}ab$

$$\therefore \square \mathrm{BDEC} = \triangle \mathrm{ABD} + \triangle \mathrm{ABC} + \triangle \mathrm{ADE}$$

$$\frac{1}{2}(a+b)^2 = \frac{1}{2}c^2 + 2 \times \frac{1}{2}ab$$

$$(a+b)^2 = c^2 + 2ab$$

$$\therefore a^2 + b^2 = c^2$$

개념다지기 문제 1 수빈이네 가족은 그림과 같이 세 변의 길이가 각각 15 m,
20 m, 25 m인 삼각형 모양의 땅을 주말농장
으로 빌려서 야채를 재배하려고 해요. 임대료
가 일 년에 $1\,\mathrm{m}^2$당 1500원이라고 할 때 임대
료가 얼마인지 구해 봅시다.

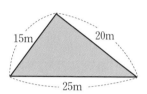

풀이 맨 먼저 할 일은 밑변이 25m일 때의 높이를 구해야 해요.
꼭짓점에서 수선의 발을 내리면 2개의 직각삼각형이 만들어지므
로 피타고라스 정리를 두 번 사용하게 돼요.

주어진 삼각형을 그림과 같이 $\triangle \mathrm{ABC}$
로 놓고, 꼭짓점 A에서 변 $\overline{\mathrm{BC}}$에 내
린 수선의 발을 H라고 해요.

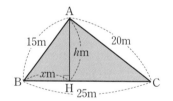

$\overline{\mathrm{AH}} = h\,\mathrm{m}$, $\overline{\mathrm{BH}} = x\,\mathrm{m}$라고 하면

직각삼각형 ABH에서 $h^2 = 15^2 - x^2 \cdots$ ①

직각삼각형 ACH에서 $h^2 = 20^2 - (25-x)^2 \cdots$ ②

①, ②에서 $15^2 - x^2 = 20^2 - 25^2 + 50x - x^2$

전개하여 정리하면 $50x = 450$　　∴ $x = 9$

$x = 9$를 ①에 대입하면 $h^2 = 15^2 - 9^2 = 144$

$h > 0$이므로 $h = 12(\text{m})$

따라서 땅의 넓이는 $\dfrac{1}{2} \times 25 \times 12 = 150(\text{m}^2)$가 됩니다.

그러므로 일 년간의 임대료는 $150 \times 1500 = 225000(\text{원})$입니다.

개념다지기 문제 2 한 모서리의 길이가 **20cm**인 정육면체의 상자에 길이가 **30cm**인 자를 넣을 수 있는지 생각해 봅시다.

풀이 상자가 정육면체이므로 한 모서리가 $20\,\text{cm}$인 정육면체의 대각선의 길이는 $\sqrt{20^2 + 20^2 + 20^2} = 20\sqrt{3}(\text{cm})$입니다.

$\sqrt{3}$의 근삿값을 1.73으로 계산하면 $20 \times 1.73 = 34.6(\text{cm})$이므로 $30\,\text{cm}$ 자를 대각선 방향으로 기울이면 상자 안에 넣을 수 있습니다.

개념다지기 문제 3 정수기 옆에 달린 종이컵을 본 적이 있나요? 그 종이컵은 원뿔 모양으로 원의 반지름의 길이는 **3cm**이고, 모선의 길이가 **9cm**라고 합니다. 이때 종이컵의 높이와 이 컵에 최대한 많이 담을 수 있는 물의 부피를 계산해 봅시다. 답은 소수 첫째자리에서 반올림하여 근삿값으로 계산하세요.

(단, $\sqrt{2} = 1.41$, $\pi = 3.14$)

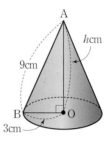

풀이 원뿔의 높이를 h cm라고 하면 직각삼각형 ABO에서 $h^2 + 3^2 = 9^2$이고 따라서

$$h^2 = 9^2 - 3^2 = 81 - 9 = 72$$

$h > 0$이므로 원뿔의 높이 $h = 6\sqrt{2}$(cm)이고, 원뿔에 최대한 가득 담을 수 있는 물의 부피는 $\frac{1}{3}\pi r^2 h$이므로

$$\text{부피} = \frac{1}{3} \times \pi \times 3^2 \times 6\sqrt{2} = 18\sqrt{2}\pi$$

따라서 $18 \times 1.41 \times 3.14 = 79.6932 \fallingdotseq 80 (\text{cm}^3)$입니다.

149쪽 문제의 해답

$$\left[\pi\left(\frac{3}{2}\right)^2 \times \frac{1}{2} + \pi\left(2^2 \times \frac{1}{2}\right) + 6\right] - \pi\left(\frac{5}{2}\right)^2 \times \frac{1}{2} = \frac{25}{8}\pi + 6 - \frac{25}{8}\pi = 6$$

제7장
삼각비

1. 도형의 기본은 직각삼각형

평면도형의 기본은 직각삼각형입니다. 평면 위에 오른쪽과 같은 모양의 도형이 있다고 해 봐요. 이 도형의 넓이를 계산하려면 어떻게 해야 할까요?

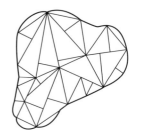

제일 먼저 생각할 수 있는 방법은 그림처럼 삼각형 모양으로 분할하는 거예요. 물론 근삿값으로 구하는 것이랍니다. 실생활에서 문제를 해결하려면 대개 참값보다는 근삿값으로 계산할 때가 더 많아요. 이러한 경우 삼각형은 직각삼각형이어야만 한답니다.

그런데 왜 직각삼각형이어야 할까요? 그건 닮음의 성질을 활용

할 수 있는 직각삼각형의 독특한 성질 때문이지요.

혹시 산의 정상에 올랐을 때 돌로 만든 직각삼각기둥이 꽂혀 있는 것을 본 적이 있나요? 대한민국의 전 국토에는 이 기둥(삼각점)들을 기준으로 보이지 않는 직각삼각형들이 빈틈없이 덮여 있고 그 수치를 기준으로 지도가 만들어졌답니다.

2. 삼각비란 무엇일까?

직각삼각형에서는 직각이 아닌 두 개의 각 중에서 하나만 그 값이 정해지면 삼각형의 크기에 상관없이 모두가 닮은꼴이에요.

오른쪽 직각삼각형에서 $\dfrac{높이}{빗변} = \sin A$, $\dfrac{밑변}{빗변} = \cos A$, $\dfrac{높이}{밑변} = \tan A$라고 합니다.

이것만 이용하면 삼각비에 관한 여러

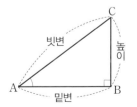

가지 성질을 알 수 있어요.

먼저 $\sin A = \frac{1}{2}$이라고 가정해 봐요. 빗
변의 길이를 1로 놓으면 자동적으로 높이
는 $\frac{1}{2}$이 돼요. 이제 피타고라스 정리를 이
용하면

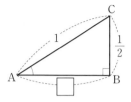

$$(\text{밑변})^2 = 1^2 - \left(\frac{1}{2}\right)^2$$

$$\therefore \ \text{밑변} = \sqrt{\frac{4-1}{4}} = \frac{\sqrt{3}}{2}$$

그러므로 이 삼각형에서 $\tan A = \dfrac{\text{높이}}{\text{밑변}} = \dfrac{\frac{1}{2}}{\frac{\sqrt{3}}{2}} = \dfrac{1}{\sqrt{3}}$을 얻어요.

같은 방법으로 $\tan A = \frac{1}{2}$이라고 할 때,
밑변의 길이를 1로 놓으면 높이는 $\frac{1}{2}$이므로

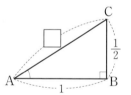

$$(\text{빗변})^2 = 1^2 + \left(\frac{1}{2}\right)^2 = 1 + \frac{1}{4} = \frac{5}{4}$$

따라서 빗변$= \dfrac{\sqrt{5}}{2}$입니다.

그런데 여기에서 우리는 재미있는 사실을 하나 발견할 수 있어
요. $\sin A = \frac{1}{2}$에서 빗변을 1이 아니라 2로 놓으면 어떻게 될까요?
그러면 높이가 1로 되면서 $(\text{밑변})^2 = 2^2 - 1^2 = 3$이므로 밑변은

$\sqrt{3}$이 되어요. 그러므로 $\tan A$를 구해 보면 $\dfrac{높이}{밑변}=\dfrac{1}{\sqrt{3}}$이 되어 앞에서 구한 $\dfrac{1}{\sqrt{3}}$과 똑같은 값을 얻게 된답니다.

그 이유는 바로 삼각비가 sin, cos, tan 등의 값에 대하여 빗변, 높이, 밑변의 값을 적당히 취할 수 있기 때문이지요. 다시 말하면, 직각삼각형에서는 직각이 아닌 두 개의 각 중에서 하나가 정해지거나 또는 세 개의 변 중에서 하나만 정해지면 모두 닮은 직각삼각형이 되기 때문이랍니다.

삼각비를 나타내는 sin, cos, tan가 처음 보는 단어라서 아직은 어색하다고요? 그렇다고 너무 걱정하지 마세요. 혹시 공학용 계산기를 본 적이 있나요? 공학용 계산기에는 위와 같은 기호들이 쓰여 있답니다.

그림에서 오른쪽은 일반 계산기, 왼쪽은 공학용 계산기예요. 공학용 계산기에 있는 sin, cos, tan는 지금 우리가 배우고 있는 삼각비를 의미하는 것이랍니다.

공학용 계산기

일반 계산기

여러분은 2학년 때 평면도형 단원에서 아래에 나오는 닮음의 성질 2개를 이미 배웠어요.

약속

두 개의 닮은 도형이 있을 때
① 대응하는 변의 길이의 비는 일정하다.
② 대응하는 각의 크기는 각각 같다.

다음 그림에서 △ABC, △DBE는 직각삼각형이며, ∠B는 공통입니다. 따라서 나머지 한 각의 크기도 같아지면서 두 삼각형은 닮은 도형이 되고, 대응하는 변의 길이의 비는 다음과 같이 일정해요.

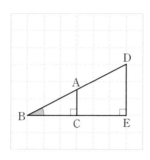

$$\frac{\overline{AC}}{\overline{AB}} = \frac{\overline{DE}}{\overline{DB}}, \quad \frac{\overline{BC}}{\overline{AB}} = \frac{\overline{BE}}{\overline{DB}}, \quad \frac{\overline{AC}}{\overline{BC}} = \frac{\overline{DE}}{\overline{BE}}$$

여기에서는 직각삼각형 2개를 가지고 닮음비를 생각했지만 삼각형 개수를 3개, 4개, …로 늘린다면 위와 같은 비례가 똑같이 성립함을 알 수 있어요. 그러므로 우리는 여기서 다음과 같은 사실을 유추할 수 있어요.

일반적으로 ∠C=90°인 직각삼각형 ABC에서 ∠B의 크기가 정해지면 직각삼각형의 크기에 관계없이 $\dfrac{높이}{빗변}=\dfrac{b}{c}$, $\dfrac{밑변}{빗변}=\dfrac{a}{c}$,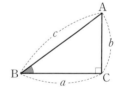

$\dfrac{높이}{밑변}=\dfrac{b}{a}$의 값은 항상 일정해요.

우리는 도형을 표시할 때 꼭짓점은 A, B, C, … 등 대문자로 표시하고, 꼭짓점을 마주보는 대응변은 소문자 a, b, c, … 등으로 표시해요.

이때 비례값인 $\dfrac{높이}{빗변}$를 ∠B의 **사인**이라고 하며, $\sin B$로 나타내요. $\dfrac{밑변}{빗변}$은 ∠B의 **코사인**이라고 하며 $\cos B$로 나타내고, $\dfrac{높이}{밑변}$는

∠B의 **탄젠트**라 하고, $\tan B$로 나타냅니다. 그리고 $\sin B$, $\cos B$, $\tan B$를 통틀어 ∠B의 **삼각비**라고 말하지요.

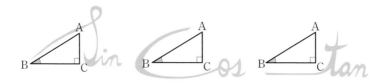

위 그림처럼 sin의 s, cos의 c, tan의 t의 필기체를 본떠서 기억하면 더 쉽습니다.

약속

삼각비

∠C=90°인 직각삼각형 ABC에서

∠A, ∠B, ∠C의 대변의 길이를

각각 a, b, c라고 할 때

$\sin B = \dfrac{b}{c}$, $\cos B = \dfrac{a}{c}$, $\tan B = \dfrac{b}{a}$

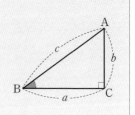

자, 삼각비의 문제를 한번 직접 풀어 볼까요?

아래와 같은 직각삼각형이 있다고 할 때 $\sin B$, $\cos B$, $\tan B$는 얼마일까요?

$\sin B$는 $\dfrac{높이}{빗변}$이므로 $\dfrac{3}{5}$이고, $\cos B$는

$\dfrac{밑변}{빗변}$이므로 $\dfrac{4}{5}$가 되고, $\tan B$는 $\dfrac{높이}{밑변}$이므

로 $\dfrac{3}{4}$이 돼요.

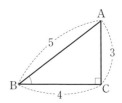

한 걸음 더 나가서, 방금 여러분이 구한 답 이외에 $\sin A$, $\cos A$, $\tan A$는 얼마일까요?

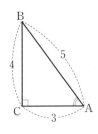

$\sin A$는 위 그림처럼 $\angle A$를 기준으로 직각삼각형을 세워 놓고 생각하면 돼요. 쉽게 말하자면 $\angle A$의 마주 보는 대응변이 삼각형의 높이가 되는 것이지요. 하지만 $\sin A$를 구할 때는 옆의 그림처럼 $\angle A$를 기준으로 삼각형을 세워 놓고, 즉 $\angle A$의 대변을 삼각형의 높이로 생각하면 쉬워요.

즉 $\sin A = \dfrac{4}{5}$가 되고, $\cos A$는 $\dfrac{3}{5}$, $\tan A$는 $\dfrac{4}{3}$가 돼요.

여러분이 삼각비를 배우면서 당황하는 것은 대부분 많은 공식 때문이에요. 그러나 $\sin A$에 관한 공식은 $\angle C$를 '$90 - A$'로 바꾸면 바로 그대로 $\cos$의 공식이 성립한답니다.

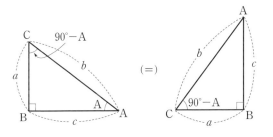

이런 식으로 $\sin A$에 관한 개념 하나만이라도 제대로 이해하면 나머지 $\cos$, $\tan$ 등에 관한 내용은 저절로 이해되므로 겁낼 것이 없어요. $\sin A = \cos(90° - A)$처럼 같은 직각삼각형에서 A와 B만을 바꾼 것이니까요!

3. 특별한 삼각비의 값

삼각비의 값 중에서 특별히 많이 사용되는 것이 있는데 바로 30°, 45°, 60°의 경우예요. 역시 이 값들을 구하  는 데도 피타고라스의 정리가 결정적인 역할을 한답니다.

위 그림은 양면으로 된 정사각형의 색종이를 반으로 접은 것이에요. 색종이 한 변의 길이를 10cm라고 할 때 빗변의 길이를 어떻게 구할 수 있을까요? 역시 피타고라스의 정리를 이용하면 $x=\sqrt{10^2+10^2}=\sqrt{200}=10\sqrt{2}$가 되지요.

여기서 우리가 주목할 것은 위 삼각형은 직각이등변삼각형이므로, 직각이 아닌 두 각은 각각 45°가 돼요. 따라서 다음과 같음을 알 수 있어요.

$$\sin 45° = \frac{높이}{빗변} = \frac{10}{10\sqrt{2}} = \frac{1}{\sqrt{2}} = \frac{\sqrt{2}}{2}$$

$$\cos 45° = \frac{밑변}{빗변} = \frac{10}{10\sqrt{2}} = \frac{1}{\sqrt{2}} = \frac{\sqrt{2}}{2}$$

$$\tan 45° = \frac{높이}{밑변} = \frac{10}{10} = 1$$

이 사실은 앞으로 고등학교 수학과 내학교 수학에서도 필요하기 때문에 반드시 암기해야 한답니다.

이뿐만 아니라 2학년 때 배우는 인수분해, 이차방정식의 근의 공식, 피타고라스의 정리 등도 모두 대학 수학에서 사용되어요.

귀찮다고 생각하지 말고 반드시 암기를 해 놓으면 수학이란 건물을 지을 때 기초 돌을 잘 놓는 셈이랍니다. sin, cos의 값이 똑같고, tan는 1이라서 기억하기가 좋죠?

자, 그럼 각의 크기가 30°와 60°일 때도 구해 봅시다.

앞에서는 색종이를 예로 들었지만 이제는 간단한 도형으로 공식을 만들어 봐요.

우선 한 변의 길이가 2인 정삼각형을 생각해 봐요. 꼭짓점 C에서 수선의 발 M을 그어요. 그런 다음 △CAM에서 $\sin A$, $\cos A$, $\tan A$의 값을 구해 봐요.

먼저 △CAM에서 높이 $\overline{CM}$의 길이

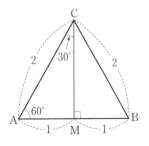

를 구해야 되겠죠? 피타고라스의 정리에 따라

$$\overline{CM}=\sqrt{2^2-1^2}=\sqrt{3}$$

$$\sin A=\sin 60°=\frac{높이}{빗변}=\frac{\sqrt{3}}{2}$$

$$\cos A=\cos 60°=\frac{밑변}{빗변}=\frac{1}{2}$$

$$\tan A=\tan 60°=\frac{높이}{밑변}=\sqrt{3}$$

자, 45°와 60°일 때의 삼각비를 구했으니 이제 남은 것은 30°예요! 먼저 밑각이 30°인 삼각형을 생각해 봐요. 그러기 위해서는 어떤 삼각형을 그려야 할까요?

∠C가 30°이므로 바로 위의 도형에서 △CAM을 생각하면 된답니다. △CAM을 보면

$$\sin C=\sin 30°=\frac{높이}{빗변}=\frac{1}{2}$$

$$\cos C=\cos 30°=\frac{밑변}{빗변}=\frac{\sqrt{3}}{2}$$

$$\tan C=\tan 30°=\frac{높이}{밑변}=\frac{1}{\sqrt{3}}=\frac{\sqrt{3}}{3}$$

지금까지의 결과를 다음처럼 표로 작성하여 정리하면 한결 암기하기가 쉬워진답니다.

각이 $30°, 45°, 60°$**일 때 삼각비의 값**

삼각비 ＼ A	$30°$	$45°$	$60°$
$\sin A$	$\dfrac{1}{2}$	$\dfrac{\sqrt{2}}{2}$	$\dfrac{\sqrt{3}}{2}$
$\cos A$	$\dfrac{\sqrt{3}}{2}$	$\dfrac{\sqrt{2}}{2}$	$\dfrac{1}{2}$
$\tan A$	$\dfrac{\sqrt{3}}{3}$	1	$\sqrt{3}$

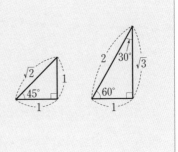

이 공식을 암기하는 요령은 각이 $30°, 45°, 60°$일 때 $\sin$의 값은 분모가 모두 2이며, 분자는 $\sqrt{1}, \sqrt{2}, \sqrt{3}$으로 증가하고, $\cos$의 경우 분모는 2로 같으며, 분자가 $\sqrt{3}, \sqrt{2}, \sqrt{1}$로 감소하는 것이에요.

어때요? 외울 만하지요?

그 다음 $\tan$는 어떨까요? $45°$일 때는 1이고, $30°$일 때는 $\dfrac{1}{\sqrt{3}}$ 또는 $\dfrac{\sqrt{3}}{3}$, $60°$일때는 $\sqrt{3}$으로 외우는 수밖에 없어요. $\tan 30°$의 경우 무엇으로 외우든 꼭 외워야 한다는 사실만 잊지 말아 주세요!

이제 공식을 외웠으니 문제를 한번 풀어 볼까요?

$\sin 30° + \cos 60°$는 얼마일까요?

$\sin 30° = \dfrac{1}{2}$이고, $\cos 60° = \dfrac{1}{2}$이므로 합하면 1이에요. 그럼 이번에는 $\tan 30° + \sin 45° + \cos 30°$를 구해 볼까요?

$$\tan 30° = \frac{\sqrt{3}}{3}, \ \sin 45° = \frac{\sqrt{2}}{2}, \ \cos 30° = \frac{\sqrt{3}}{2}$$

$$\frac{\sqrt{3}}{3} + \frac{\sqrt{2}}{2} + \frac{\sqrt{3}}{2} = \frac{\sqrt{3}}{3} + \frac{\sqrt{2}+\sqrt{3}}{2} = \frac{2\sqrt{3}+3(\sqrt{2}+\sqrt{3})}{6}$$

$$= \frac{2\sqrt{3}+3\sqrt{2}+3\sqrt{3}}{6} = \frac{3\sqrt{2}+5\sqrt{3}}{6}$$

4. 예각인 임의각에 대한 삼각비

여러분이 지금까지 구한 삼각비의 각은 무슨 각이었지요? 바로 특수한 각이었어요. 색종이를 접어서 나타낼 수 있었던 45°, 정삼각형에서 볼 수 있는 30°, 60°일 때의 삼각비를 구한 것이랍니다.

이제는 90°보다 작은 임의각에 대하여 삼각비를 구해 보려고 해요. 그래야 실제 상황에서도 문제를 척척 해결할 수 있는 능력이 생기니까요. 그렇다면 임의각은 무슨 뜻일까요? 바로 27°, 83° 등 특수한 각이 아닌 각을 말해요. 이럴 때는 좌표평면과 사분원을 이용하여 삼각비의 값을 구해야 합니다.

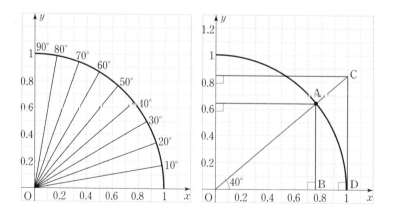

위와 같이 좌표평면 위에 원점 O를 중심으로 하여 반지름의 길이가 1인 사분원을 그리면 여러 가지 크기의 예각에 대한 삼각비의 값을 구할 수 있어요.

이를테면 x축과 $40°$의 각을 이루는 직선과 사분원과의 교점을 A라 하고, 점 A에서 x축에 내린 수선의 발을 B라고 하면 직각삼각형 AOB에서 $\overline{OA}=1$이 되지요.

따라서 $\sin 40° = \dfrac{\overline{AB}}{\overline{OA}} = \overline{AB} ≒ 0.64$, $\cos 40° = \dfrac{\overline{OB}}{\overline{OA}} = \overline{OB} ≒ 0.77$

이 돼요. 또한 사분원과 x축과의 교점 D에서 x축에 수직인 직선을 그어 $\overline{OA}$의 연장선과 만나는 점을 C라고 하면, 직각삼각형 COD에서 $\overline{OD}=1$이므로 $\tan 40° = \dfrac{\overline{CD}}{\overline{OD}} = \overline{CD} ≒ 0.84$입니다.

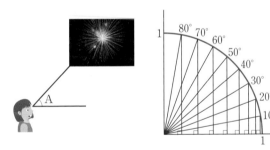

각도가 커질수록 tan의 값이 커진다.

위 그림은 불꽃놀이와 삼각비의 관계를 설명하는 것이에요. 여름밤 하늘에서 터지는 불꽃은 좋은 구경거리이지요. 공중에서 불꽃이 터질 때의 위치는 불꽃을 바라보는 눈의 각도에 따라 정해져요.

그럼 $0°$와 $90°$의 삼각비의 값을 한번 알아볼까요?

옆의 그림과 같이 반지름의 길이가 1 인 사분원 안의 직각삼각형 AOB에 서 ∠AOB의 크기가 0°에 가까워지 면 $\overline{AB}$의 길이는 0으로 한없이 접근 하므로 $\overline{OB}$의 길이는 점점 1에 접근 하게 돼요. 따라서 $\overline{CD}$의 길이도 0에

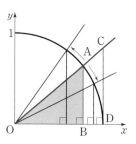

가까워지게 되지요. 이 변화는 △AOB가 아래 그림처럼 변하는 것 으로 이해하면 쉬워요.

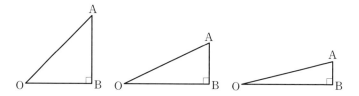

그림에서 보듯이 높이와 밑변의 길이는 0과 1로 한없이 접근하므 로 ∠AOB의 삼각비의 값은 다음과 같이 정해져요.

약속

$\sin 0° = 0$, $\cos 0° = 1$, $\tan 0° = 0$

또 ∠AOB의 크기가 점점 90°에 가까워지면 $\overline{AB}$의 길이는 1에, $\overline{OB}$의 길이는 0에 점점 가까워지므로 90°의 삼각비의 값은 다음 과 같이 정해져요.

약속

$\sin 90° = 1$, $\cos 90° = 0$

그런데 왜 $\tan 90°$의 값은 정하지 않았을까요? $\angle AOB$의 크기가 90°에 가까워지면 $\overline{CD}$의 길이는 한없이 커지므로 $\tan 90°$의 값은 정할 수가 없답니다. 즉 값은 무한대로 되는 거예요.

임의의 예각에 대한 삼각비의 값은 다음 삼각비의 표를 이용해서도 구할 수 있어요.

각도	sin	cos	tan
0°	0.0000	1.0000	0.0000
1°	0.0175	0.9998	0.0175
2°	0.0349	0.9994	0.0349
⋮	⋮	⋮	⋮
15°	0.2588	0.9659	0.2679
16°	0.2756	0.9613	0.2867
⋮	⋮	⋮	⋮

이 표에서 $\sin 15°$의 값은 세로줄에서 15°의 칸을 찾고, sin의 줄에서 서로 만나는 0.2588이 구하는 값이랍니다. 표에 따르면 $\sin 15° = 0.2588$, $\cos 15° = 0.9659$, $\tan 15° = 0.2679$예요.

요즘 같은 컴퓨터 시대에 계산기를 활용하지 않고 이렇게 복잡한 표를 가지고 답을 구하는 일이 너무 조선 시대 이야기 같죠? 하지만 기술이 덜 발달했던 예전에는 표를 활용할 수밖에 없었다는 사실을 알고 난 후 편리한 기계를 사용해 보면 기계가 얼마나 고마운지 더 잘 알 수 있을 거예요.

공학용 계산기를 사용해서 $\tan 15°$의 값을 구해 봅시다. 공학

용 계산기에서 tan를 누르고 숫자 15를 누른 다음 '='를 누르면 tan 15° = 0.2679491924라고 순식간에 답이 나와요 그런데 왜 이렇게 소수점 아래 숫자가 많을까요?

표에서는 소수점 아래 넷째 자리까지의 근삿값만 사용한 것이고, 공학용 계산기는 더 정밀한 값을 가르쳐 주기 때문이에요. 여러분은 교과서에서 하듯이 소수점 아래 넷째 자리까지만 사용하면 충분하답니다.

이것은 sin, cos도 마찬가지예요. 사실 sin, cos, tan는 모두 함수의 개념이에요. 그래서 'tan 15° = 0.2679'라는 것은 15°를 입력했을 때 tan라는 함수의 값이 0.2679라는 뜻이지요. 여기서는 삼각비만 배우고 삼각함수는 고등학교에서 배우게 될 거예요.

5. 삼각비의 활용

은지는 삼각비를 활용하여 탈레스가 했듯이 높은 건물의 높이를 구하려고 해요. 그림과 같이 빌딩으로부터 110m 떨어진 곳에서 이 건물의 꼭대기를 올려다본 각도가 66°였어요. 은지의 눈높이가 1.6m일 때, 빌딩의 높이를 구해 봐요.

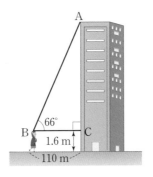

그림과 같이 ABC는 직각삼각형이므로 $\tan 66° = \dfrac{\overline{AC}}{\overline{BC}} = \dfrac{\overline{AC}}{110}$ 를 얻어요.

$\overline{AC} = 110 \times \tan 66°$ 이고, 삼각비의 표에서 $\tan 66° = 2.2460$ 이므로 $\overline{AC} = 110 \times 2.2460 = 247.06$(m)입니다. 그런데 은지의 키 높이를 더해야 하므로 빌딩의 높이는 $247.06 + 1.6 = 248.66$(m)입니다.

이처럼 삼각비를 활용하면 직접 측량할 수 없는 고층 아파트의 높이나 섬과 섬 사이의 거리 같은 두 지점 사이의 거리 및 높이를 구할 수 있답니다.

 생각 열기

여러분은 지금까지 삼각형의 면적을 구할 때 (밑변×높이)÷2라는 공식을 사용해 왔어요. 그런데 그림과 같이 어떤 삼각형에서 두 변의 길이만 알고 높이는

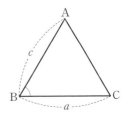

모르며, 대신 두 변의 끼인각의 크기를 안다면 삼각형의 면적은 어떻게 구할 수 있을까요?

방법은 바로 삼각비를 사용하는 것이에요. 이 때 끼인각인 $\angle B$가 90도보다 작은 예각인 경우와 90도보다 큰 둔각의 경우로 나누어 생각해 보아야 해요.

먼저 $\angle B$가 예각일 때와 둔각일 때의 그림은 다음과 같아요.

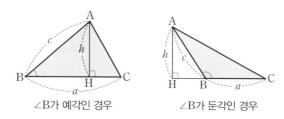

∠B가 예각인 경우   ∠B가 둔각인 경우

이처럼 삼각형의 높이를 모를 때는 $\triangle ABC$의 꼭짓점 A에서 밑변 $\overline{BC}$에 내린 수선의 발을 H라고 할 때 $\overline{AH}$의 길이가 높이가 됩니다. 여기에서는 h라고 해요.

$\triangle ABH$에서 $\sin B = \dfrac{h}{c}$이므로 $h = c\sin B$가 됩니다. 따라서 $\triangle ABC$의 넓이 S는 $S = \dfrac{1}{2}ah = \dfrac{1}{2}ac\sin B$가 돼요.

둔각의 경우도 마찬가지로 $\triangle ABC$의 꼭짓점 A에서 밑변 $\overline{BC}$의 연장선 위에 내린 수선의 발을 H라 하고, $\overline{AH}$의 길이를 h라고 할 때, $\triangle ABH$에서 $\sin(180° - B) = \dfrac{h}{c}$이므로 $h = c\sin(180° - B)$입니다.

따라서 $\triangle ABC$의 넓이 S는 $S = \dfrac{1}{2}ah = \dfrac{1}{2}ac\sin(180° - B)$가 돼요.

삼각형의 넓이

△ABC에서 두 변의 길이 a, c와 그 끼인

각 ∠B의 크기를 알 때, △ABC의 넓이 S는

(1) ∠B가 예각이면 $S = \dfrac{1}{2}ac\sin B$

(2) ∠B가 둔각이면 $S = \dfrac{1}{2}ac\sin(180° - B)$

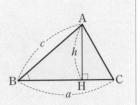

6. 해시계와 삼각비

옛날 고대인은 반듯한 막대를 이용해 해시계를 만들어서 하루의 시간을 구분하고, 또 계절과 1년의 길이도 알아냈어요. 그 원리는 막대기와 막대기의 그림자가 만들어 내는 직각삼각형을 이용한 것이랍니다. 직각삼각형은 직각이 아닌 두 개의 각 중 하나만 같을 때 모두 닮은꼴이 되므로 이들에 관한 각 변의 비가 같게 돼요.

옛날 사람들은 영어로 sin, cos, tan라고 말하지 않았을 뿐 삼각비에 관한 공식을 충분히 이해하고 있었어요. 직각삼각형의 비례 관계를 알았고, 그림자와 막대의 길이가 비례한다는 생각도 했던 것이지요.

사람들은 문명을 일으키기 위해 한결같이 삼각법으로 땅을 측량했고, 천문학과 달력 등을 차근차근 완성시켜 나갔어요.

개념다지기 문제 1 다음 직각삼각형 ABC에서 ∠A와 ∠B의 삼각비를 구해 봅시다.

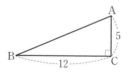

풀이 먼저 직각삼각형 ABC에서 빗변의 길이를 구해야 해요. 피타고라스의 정리를 적용하면

$$\overline{AB}=\sqrt{12^2+5^2}=\sqrt{169}=\sqrt{13^2}=13$$

$$\sin B = \frac{\overline{\mathrm{AC}}}{\overline{\mathrm{AB}}} = \frac{5}{13}, \ \cos B = \frac{\overline{\mathrm{BC}}}{\overline{\mathrm{AB}}} = \frac{12}{13},$$

$$\tan B = \frac{\overline{\mathrm{AC}}}{\overline{\mathrm{BC}}} = \frac{5}{12}$$

또 ∠A의 삼각비를 구하기 위해 삼각형을 돌려서
놓고 생각하면 다음과 같아요.

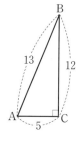

$$\sin A = \frac{\overline{\mathrm{BC}}}{\overline{\mathrm{AB}}} = \frac{12}{13}$$

$$\cos A = \frac{\overline{\mathrm{AC}}}{\overline{\mathrm{AB}}} = \frac{5}{13}$$

$$\tan A = \frac{\overline{\mathrm{BC}}}{\overline{\mathrm{AC}}} = \frac{12}{5}$$

개념다지기 문제 2 아래 그림은 불국사에 있는 다보탑의 높이를 구하기 위하
여 측량한 결과를 나타낸 것이에요. 탑의 높이를 구해 봅시다.

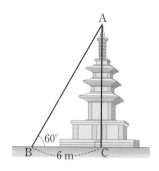

다보탑의 높이는 tan 값을 이용하면 돼요.

$$\tan 60° = \frac{\overline{AC}}{\overline{BC}} = \frac{\overline{AC}}{6}$$

$$\overline{AC} = 6 \times \tan 60° = 6 \times \sqrt{3} = 6\sqrt{3}$$

$$\therefore \sqrt{3} ≒ 1.73$$

$$AC = 6 \times 1.73 = 10.38 \, (m)$$

제8장

원의 성질

1. 원은 단 하나뿐

옛날 옛적에 고대인이 맨 처음 만난 도형은 해와 달 같은 원이었어요. 그런데 이외에 또 다른 원도 있을까요? 아쉽게도 없답니다! 원은 지름의 길이만 무시하면 단 하나밖에 없어요. 다른 도형, 예를 들어 삼각형을 생각해 보면 이등변삼각형, 둔각삼각형, 정삼각형 등 여러 가지가 있지만 원은 단 하나뿐이랍니다.

조용한 수면에 돌을 던지면 파문이 일면서 동심원이 퍼져 나가는 상태를 관찰할 수 있어요. 파문은 시작하는 점에서부터 같은 속도로 사방으로 퍼져 나가지요. 어떤 순간에서도 파문의 모든 점은 파문

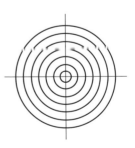

이 발생한 점에서 같은 거리, 즉 원주 위에 있어요. 또 파문의 전체 모양은 동심원이랍니다.

그러나 조용한 수면이 아니라 물이 흐르고 있는 상황이라면 어떻게 될까요? 물살이 빠른 강에 돌을 던져서 생긴 파문도 역시 원형으로 나타날까요? 아니면 옆으로 잡아 늘인 듯 길쭉하게 나타날까요?

강에서 발생한 파문은 물결의 흐름에 따라 빨리 퍼지면서 원을 잡아당겨 늘어난 모양으로 생긴답니다. 따라서 파문의 모든 점은 원주 위의 점이 아니라 늘어난 원형, 즉 타원 위의 점으로 보일 거라고 생각하기 쉬워요. 하지만 실제로는 그렇지 않아요. 왜 그럴까요?

자, 이제부터 함께 탐구해 봐요. 물이 흐르지 않는 연못의 물이라면 파문은 당연히 원형이 돼요. 그렇다면 물이 흐를 때의 파문은 어떻게 될까요? 물살에 따라서 원형의 파문 위에 있는 각 점은 아래 그림처럼 화살표 방향으로 흐르게 되어요. 그리고 모든 점은 같은 속도, 즉 같은 거리만큼 평행이동한답니다.

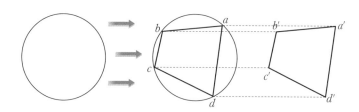

결국 동심원을 평행이동시키면 원이 되기 때문에 빠르게 흐르는 물속에 돌을 던져도 파문은 원형이라고 결론지을 수 있어요.

2. 수학으로 아치형 다리를 분해해 볼까?

이 사진은 건설교통부가 선정한 '한국의 아름다운 길 100선'에서 대상으로 뽑힌 남해의 창선도와 사천시를 연결하는 창선―삼천포대교예요.

창선―삼천포대교

이 다리는 우리나라의 유일한 해상 국도로 사천과 창선도 사이 3개의 섬을 연결하는 5개의 다리랍니다. 총 길이는 3.4km에 이르고 9년간 공사하여 2003년에 완공되었어요. 5개 가운데 아치형을 이루는 아름다운 다리는 모개 섬과 사천시를 연결하는 삼천포대교로 그 길이는 436m예요. 삼천 포대교의 주황색 아치를 가능하게 한 원의 반지름의 길이는 얼마 일까요?

이 질문은 아치의 곡선을 그리게 하는 원의 중심을 찾는 문제와 같답니다. 이 문제를 해결하려면 먼저 다음을 공부해야 해요.

"현의 수직이등분선에는 어떤 성질이 있을까?"

우선 "원의 중심에서 현에 내린 수선은 그 현을 이등분한다."라 는 성질에 대해 알아봐요.

오른쪽 그림과 같이 원 O의 중심에서 현 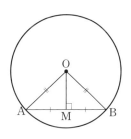 $\overline{AB}$에 내린 수선의 발을 M이라고 해요. △OAM과 △OBM에서 ∠OMA=∠OMB=90°(∵ 수선의 발을 그 었으므로 수직)

$\overline{OA}=\overline{OB}$ (∵ 반지름이므로)

$\overline{OM}$은 공통이므로 △OAM≡△OBM

따라서 $\overline{AM}=\overline{BM}$입니다. 즉 원 O의 중심에서 현 $\overline{AB}$에 내린 수선은 그 현을 이등분해요.

이제 역으로 "원에서 현의 수직이등분선은 그 원의 중심을 지난다."라는 성질을 알아볼까요?

마찬가지로 오른쪽 그림과 같이 원 O의 현 $\overline{AB}$의 중점을 M이라고 해요. 그러면 △OAM과 △OBM에서

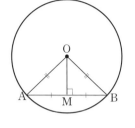

$\overline{AM}=\overline{BM}$

$\overline{OA}=\overline{OB}$ (∵ 반지름이므로)

$\overline{OM}$은 공통이고, 세 변의 길이가 같으므로 △OAM≡△OBM

따라서 평각을 나눈 두 각이 같으려면 ∠OMA=∠OMB=90°가 되어야 해요. 즉 $\overline{OM}\perp\overline{AB}$이므로 현 $\overline{AB}$의 수직이등분선은 원 O의 중심을 지난답니다.

현의 수직이등분선

(1) 원의 중심에서 현에 내린 수선은 그 현을 이등분한다.

(2) 원에서 현의 수직이등분선은 그 원의 중심을 지난다.

현의 수직이등분선을 이용하면 앞에서 본 삼천포대교의 아치를 가능하게 한 원의 반지름의 길이를 구할 수 있어요.

하지만 실제 다리의 길이를 측량하기는 곤란하므로 그림으로 간단히 나타내 봐요. 여러분이 계산하기 편하도록 나음에 나오는 왼쪽 그림의 노란색 부분을 600m라고 가정해요. 그리고 노란색 수평선에서 아치 꼭대기까지의 높이를 200m라고 가정한다면 오른쪽과 같은 도형이 된답니다.

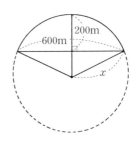

자, 이제는 피타고라스의 정리를 이용하면 돼요.

원의 반지름의 길이를 x라고 놓으면 $x^2 = 300^2 + (x-200)^2$이 성립해요.

$$x^2 = 90000 + x^2 - 400x + 40000$$

$$400x = 130000$$

$$\therefore 4x = 1300$$

그러므로 원의 반지름 $x = 325\mathrm{m}$가 됩니다. 어때요? 앞으로 삼천포대교를 지난다면 평범한 다리가 아니라 조금 더 특별해 보이겠지요?

3. 원과 현 그리고 접선

원의 중심과 현의 길이 사이에는 어떤 관계가 있을까요?

다음 그림과 같이 원 O의 중심에서 같은 거리에 있는 두 현 $\overline{AB}$, $\overline{CD}$가 있어요. 두 현에 내린 수선의 발을 각각 M, N이라고 하면 △OAM과 △OCN에서

$\angle OMA = \angle ONC = 90°$ (∵ 수선의 발)

$\overline{OM} = \overline{ON}$ (∵ 가정에서 같은 거리에 있다고 했으므로)

$\overline{OA} = \overline{OC}$ (∵ 반지름)

따라서 빗변의 길이와 다른 한 변의 길이가 각각 같은 직각삼각형이므로

$$\triangle OAM \equiv \triangle OCN \qquad \therefore \overline{AM} = \overline{CN}$$

그런데 현의 수직이등분선의 성질에 의해 $\overline{AB} = 2\overline{AM}$, $\overline{CD} = 2\overline{CN}$이므로 $\overline{AB} = \overline{CD}$예요. 즉 원 O의 중심에서 같은 거리에 있는 두 현 $\overline{AB}$, $\overline{CD}$의 길이는 같답니다.

약속

원의 중심과 현의 길이는 다음과 같다. (단, 한 원에서)

(1) 중심으로부터 같은 거리에 있는 두 현의 길이는 같다.

(2) 길이가 같은 두 현은 원의 중심으로부터 같은 거리에 있다.

**생각
열기**

우리 식탁에서 외국인들을 당황하게 하는 물건이 있다면 그건 바로

가위라고 해요. 갈비, 삼겹살, 냉면을 가리지 않고 식탁에서 척척

자르는 것을 처음 본 외국인들은 기겁을 한다고 하지요.

여러분이 가위로 탁구공을 자른다고 상상

해 봐요. 그림처럼 가위의 중심을 P, 가위

와 탁구공이 만나는 점을 각각 A, B라 하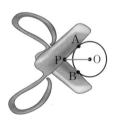

고 점 A, B를 포함하는 평면의 원을 O라

고 해 봐요. 이 때 점 A, B는 원 O의 접

점이며, 오직 한 점에서만 만나요. 또한 접점을 지나는 선을 접선이

라고 하는데, 접선과 원의 반지름은 항상 수직으로 만나게 되어요.

이제 다음 그림처럼 확대하여 두 접선 $\overline{PA}$와 $\overline{PB}$의 길이를 비교해

보면 $\triangle PAO$와 $\triangle PBO$에서 $\angle PAO = \angle PBO = 90°$ ($\because$ 접점을

지나므로)

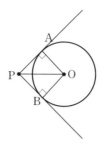

$\overline{OA}=\overline{OB}$ ($\because$ 반지름), $\overline{OP}$는 공통입니다.

따라서 $\triangle PAO$와 $\triangle PBO$는 빗변의 길이와 다른 한 변의 길이가

각각 같은 직각삼각형이므로 $\triangle PAO \equiv \triangle PBO$입니다.

$\therefore \overline{PA}=\overline{PB}$

즉 원 밖의 한 점에서 원에 그은 두 접선의 길이는 같고, 이 때 $\overline{PA}$

와 $\overline{PB}$를 접선의 길이라고 말합니다.

약속

1. 원과 한 점에서 만나는 직선을 원의 접
   선이라고 한다.
2. 원 O의 외부에 있는 한 점 P에서 이 원
   에 그을 수 있는 접선은 두 개뿐이다.

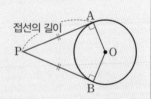

3. 접선의 접점을 각각 A, B라고 할 때, 선분 $\overline{PA}$, $\overline{PB}$의 길이를 점 P
   에서 원 O에 그은 접선의 길이라고 말한다.
4. 원의 외부에 있는 한 점에서 그 원에 그은 두 접선의 길이는 서로
   같다.

고대 문명을 상징하는 이집트의 피라미
드나 중국의 만리장성 등을 만드는 데는
많은 흙과 돌이 운반되어야 했어요. 따라
서 반드시 수레가 이용되었을 거예요. 수
레는 인간이 맨 처음 만들어 낸 도구로 바
퀴는 원형이랍니다.

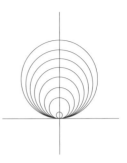

원은 평면상에서 한 점에서 만나요. 이것은 "원은 접선과 한 점
에서 만난다."라는 수학의 정리와 똑같은 내용이랍니다. 즉 지면
을 움직일 때 가장 마찰이 적은 도형이 원이라는 뜻이에요. 그래
서 자동차의 타이어를 삼각형이나 사각형으로 생각하는 사람은 절
대로 없지요.

어린이의 세발자전거와 비행기의 타이어를 비교해 보세요. 아
무리 큰 원도 접점은 하나밖에 없다는 것을 알 수 있답니다! 고대
로부터 현대까지 원은 인간에게 가장 중요한 도형이었어요.

4. 원주각과 중심각

식탁이나 책상을 새로 들여 놓았을 때 고정되지 않고 흔들리는 경우가 많아요. 그건 다리 4개의 길이가 다른 것이 아니라 바닥이 평평하지 않기 때문이지요. 직사각형 모양 책상이라면 바닥과 떠 있는 다리 밑에 종이를 접어서 끼우거나 그 틈에 나무 조각을 넣어 해결하기도 해요. 하지만 원형의 식탁이라면 수학 지식을 이용하여 문제를 해결할 수가 있어요.

그 비법은 바로 원형 테이블을 90도 회전시키는 거랍니다. 왼쪽 또는 오른쪽으로 회전을 하면 반드시 네 다리가 모두 바닥에 닿는 부분이 생기는 법이니까요! 90도만 회전하면 다리 세 개의 닿는 면이 평면을 이루면서 거의 흔들거리지 않아요. 수학적으로 다시 말하면 '세 점은 한 평면을 만들기 때문'이지요. 또 '세 점은 한 원을 구성'하기 때문이랍니다.

> **생각 열기**
>
> 두 점만 있으면 한 직선을 만들 수 있는데, 두 점에다 한 점을 더하면 평면이 만들어져요.
>
> 여기에 점 A, B, C가 있다고 해 봐요. 우선 점 A와 B로 직선 l이 만들어지고, 점 A와 C로 직선 m이 만들어지므로 결국 두 직선이 한 평면을 결정하지요. 그럼 세 점을 지나는 원을 그릴 수 있게 돼요.

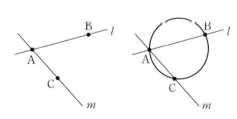

다음 그림과 같이 원 O 위에 세 점 A, B, P가 있을 때, ∠APB를 호 $\overset{\frown}{AB}$에 대한 **원주각**이라고 하며, 호 $\overset{\frown}{AB}$를 원주각 ∠APB에 대한 호라고 말합니다.

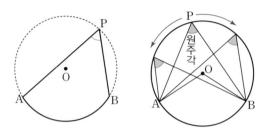

이때 호 $\overset{\frown}{AB}$를 고정하면 호 $\overset{\frown}{AB}$에 대한 **중심각** ∠AOB는 하나로 정해지지만 원주각 ∠APB는 점 P의 위치에 따라 여러 개가 있을 수 있어요.

이번에는 한 호에 대하여 원주각의 크기와 중심각의 크기가 어떤 관계가 있는지 알아볼까요?

원주각 ∠APB와 원의 중심 O의 위치 관계는 점 P의 위치에 따라 아래 그림과 같이 세 가지 경우로 나눌 수 있어요.

즉 중심 O가 원주각 ∠APB의 한 변 위에 있는 경우(〈그림 1〉), 내부에 있는 경우(〈그림 2〉), 외부에 있는 경우(〈그림 3〉)로 각각 나눌 수 있답니다.

〈그림 1〉

〈그림 2〉

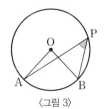
〈그림 3〉

〈그림 1〉은 △OPA에서 $\overline{OP}=\overline{OA}$이므로 ∠OPA＝∠OAP이고, ∠AOB는 △OPA의 한 외각이므로

∠AOB＝∠OPA＋∠OAP＝2∠APB입니다.

따라서 $∠APB=\dfrac{1}{2}∠AOB$이지요.

〈그림 2〉에서 지름 PQ를 그으면 〈그림 1〉에 의하여

$∠APQ=\dfrac{1}{2}∠AOQ$

$∠BPQ=\dfrac{1}{2}∠BOQ$이므로

$∠APB=∠APQ+∠BPQ$

$\qquad =\dfrac{1}{2}∠AOQ+\dfrac{1}{2}∠BOQ$

$\qquad =\dfrac{1}{2}(∠AOQ+∠BOQ)$

$\qquad =\dfrac{1}{2}∠AOB$입니다.

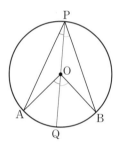

〈그림 3〉에서 △OPA, △OPB는 이등 변 삼각형이므로

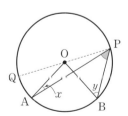

∠OPA＝∠OAP＝∠x

∠OPB＝∠OBP＝∠y라고 놓으면

∠APB＝∠y－∠x

$$\angle AOB = \angle QOB - \angle QOA$$

$$= 2\angle y - 2\angle x = 2(\angle y - \angle x)$$

$$= 2\angle APB$$

$$\therefore \ \angle APB = \frac{1}{2}\angle AOB$$

위의 3가지 경우에서 보듯이 한 호를 고정하면 그 원주각은 중심각의 크기의 $\frac{1}{2}$이 돼요. 즉 중심각은 원주각의 2배가 되는 것이랍니다! 한 호에서 원주각이 $60°$이면 중심각은 $60°$의 2배이므로 $120°$이고, 중심각이 $90°$이면 원주각은 $90°$의 반, 즉 $45°$가 됩니다.

약속

원주각과 중심각은 한 호에 대하여
(1) 원주각의 크기는 모두 같다.
(2) 원주각의 크기는 중심각 크기의 $\frac{1}{2}$이다.

그럼 원주각과 호의 길이 사이에는 어떤 관계가 있을까요?

앞에서는 하나의 원에서 호의 길이를 고정시켰더니 중심각의 크기가 모두 같음을 증명했어요. 또 그 호에 대하여 중심각은 원주각의 2배라는 사실도 확인했지요. 이번에는 거꾸로 원주각의 크기가 같으면 호의 길이가 같아지는지 알아보기로 해요.

수학에서는 항상 A⇒B가 성립할 때 거꾸로 B⇒A도 성립하는지 확인하는 습관이 있는데, 이는 수학을 발전시키고 확장할 때 무척 중요한 논리랍니다.

그림과 같은 원 O에서 $\overset{\frown}{AB}=\overset{\frown}{CD}$일 때, $\overset{\frown}{AB}=\overset{\frown}{CD}$에 대한 원주각을 각각 ∠APB, ∠CQD라고 해 봐요.

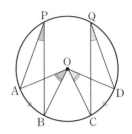

한 원에서 길이가 같은 호에 대한 중심각의 크기는 같으므로 ∠AOB=∠COD이고, 원주각의 크기는 중심각의 크기의 $\frac{1}{2}$이므로

$$\angle APB=\frac{1}{2}\angle AOB \text{이고,} \quad \angle CQD=\frac{1}{2}\angle COD \text{입니다.}$$

따라서 ∠APB=∠CQD임을 알 수 있어요.

오른쪽 그림과 같이 한 원에서 원주각의 크기가 2배, 3배, ……가 되면 중심각의 크기도 2배, 3배, ……가 되므로 호의 길이 역시 2배, 3배, ……가 되어요.

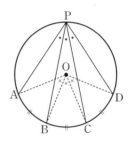

일반적으로 한 원에서 호의 길이는 그에 대한 중심각의 크기에 정비례하고, 중심각의 크기는 원주각의 크기의 2배이므로 한 원에서 호의 길이는 그에 대한 원주각의 크기에 정비례한답니다.

약속

원주각과 호의 길이는 한 원에서

(1) 길이가 같은 호에 대한 원주각의 크기는 같다.

(2) 크기가 같은 원주각에 대한 호의 길이는 같다.

(3) 호의 길이는 원주각의 크기에 정비례한다.

이제 네 점이 한 원 위에 있을 조건에 대해 알아봐요.

세 점이면 당연히 원 하나가 만들어져요. 하지만 책상 다리 문제처럼 네 개의 점으로도 안정된 원을 만들 수 있는지 한번 생각해 볼까요?

세 점 A, B, C를 지나는 원 O에서 점 D가 직선 $\overline{AB}$에 대하여 점 C와 같은 쪽에 있으면, 점 D의 위치는 다음과 같이 세 가지 경우로 나눌 수 있어요. 이때 각 경우에 대하여 ∠ADB와 ∠ACB의 크기를 비교해 봐요.

(1) 점 D가 원 O 위에 있는 경우

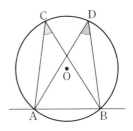

∠ADB와 ∠ACB는 모두 $\overarc{AB}$에 대한 원주각이므로 ∠ADB=∠ACB

(2) 점 D가 원 O의 내부에 있는 경우

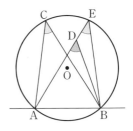

$\overline{AD}$의 연장선과 원 O와의 교점을 E라고 하면 ∠ADB는 △EDB의 한 외각이므로

∠ADB=∠AEB+∠EBD

  =∠ACB+∠EBD

∴ ∠ADB＞∠ACB

(3) 점 D가 원 O의 외부에 있는 경우 $\overline{AD}$와 원 O와의 교점을 E라고 하면 ∠AEB는 △DEB의 한 외각이므로

$$\angle ADB + \angle EBD$$

$$= \angle AEB = \angle ACB$$

$$\therefore \ \angle ADB < \angle ACB$$

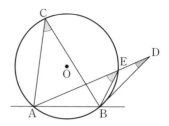

위의 세 가지 경우에 대하여 $\angle ADB = \angle ACB$가 되는 것은 점 D가 원 O 위에 있는 경우뿐이에요. 따라서 $\angle ADB = \angle ACB$이면 네 점 A, B, C, D는 한 원 위에 있음을 알 수 있어요.

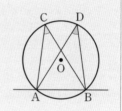
5. 원과 사각형

원과 사각형과의 관계는 오래전부터 인간의 탐구 주제였어요. 고대 그리스에서는 원과 똑같은 넓이를 짖는 정사각형을 작도하기 위해 많은 노력을 기울였지요.

우선 비행기의 창문에 대해 생각해 봐요. 비행기의 창문을 사각형이 아니라 모서리를 둥글게 처리한 이유는 무엇 때문일까요? 만

약 창문이 사각형이라면 충격이 가해질 때 뾰족한 각 쪽으로 충격이 집중되어 창문이 금방 부수어질 수 있어요. 하지만 각진 곳이 없도록 둥글게 만들면 충격이 분산되므로 창문이 쉽게 부서지지 않는답니다.

이외에 뾰족한 부분에 힘을 가할 때 쉽게 부서지는 예를 우리 주변에서 한번 찾아볼까요? 바로 우리 친구들이 좋아하는 과자 봉투를 한번 살펴보세요. 봉지의 윗부분이 뾰족한 톱니바퀴처럼 생긴 과자가 있지요? 그 모양은 여는 부분이 매끄러운 것보다 더 쉽게 열 수 있답니다. 어때요? 이제는 무심코 자르던 과자 봉투도 한 번 더 생각하게 되었죠?

이제 거의 다 끝나가요. 이번에는 원에 내접하는 사각형에 어떤 성질이 있는지 알아봐요.

오른쪽 그림과 같이 □ABCD가 원 O에 내접할 때, 한 호에 대한 원주각의 크기는 중심각의 크기의 $\frac{1}{2}$이에요.

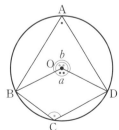

$$\angle A = \frac{1}{2} \angle a, \ \angle C = \frac{1}{2} \angle b$$

그런데 $\angle a + \angle b = 360°$이므로

$$\angle A + \angle C = \frac{1}{2}(\angle a + \angle b) = 180°$$예요.

마찬가지 방법으로 $\angle B + \angle D = 180°$랍니다. 그러므로 사각형이 원에 내접할 때, 한 쌍의 대각의 크기의 합은 $180°$임을 알 수 있어요.

약속

원에 내접하는 사각형의 성질

사각형이 원에 내접하면 한 쌍의 대각의 크기의 합은 $180°$이다.

$\angle A + \angle C = 180°$

$\angle B + \angle D = 180°$

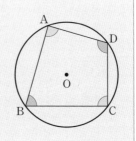

여기에 □ABCD가 있어요. 오른쪽과 같이 $\overline{BC}$의 연장선 위에 점 E를 잡으면 $\angle DCE$는 $\angle C$의 외각이에요. 이때 $\angle A$를 그 외각의 내대각이라고 불러요. 즉 **내대각**이란 **내각의 대각**을 말하는 거예요.

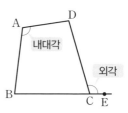

약속

원에 내접하는 사각형의 외각과 내대각

사각형이 원에 내접하면 한 외각의 크기는 그 내대각의 크기와 같다.

우리는 방금 사각형이 원에 내접할 때 한 쌍의 대각을 더하면 180°임을 증명했어요. 이번에는 반대로 한 쌍의 대각의 크기의 합이 180°일 때 사각형이 원에 내접하는지를 알아봐요.

먼저 다음 그림의 □ABCD에서 ∠B+∠D=180°라고 할 때 △ABC의 외접원 O를 그려요.

그런 다음 원 위에 점 D′를 잡으면
□ABCD′는 원 O에 내접하므로
∠B+∠D′=180°입니다.

또한 ∠B+∠D=180°이므로
∠D=∠D′가 되어요.

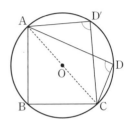

따라서 점 D는 원 O 위에 있게 되며, □ABCD는 원 O에 내접한답니다.

약속

원에 내접하기 위한 사각형의 조건 1

(1) 사각형에서 한 쌍의 대각의 크기의 합이 180°이면 원에 내접한다.

(2) 사각형의 한 외각의 크기가 내대각의 크기와 같으면 원에 내접한다.

생각 열기 접선과 현이 이루는 각의 크기를 알아볼까요?

원 O 위에 세 점 A, B, C가 있을 때, 점 A에서의 접선 $\overline{AT}$와 현 $\overline{AB}$가 이루는 각인 ∠BAT와 ∠BCA의 크기가 같음을 알아봐요. ∠BAT는 다음과 같이 직각, 예각, 둔각으로 나누어 생각할 수 있어요.

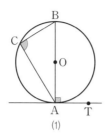
(1)

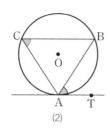
(2)

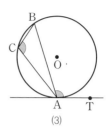
(3)

(1)의 경우 ∠BCA는 반원인 $\overset{\frown}{AB}$에 대한 원주각이므로

∠BCA=90°예요.

∴ ∠BAT=∠BCA

(2)의 경우 중심 O를 지나는 지름 $\overline{AD}$를

그으면 그림 (1)에 의하여

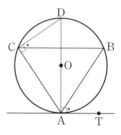

∠DAT=∠DCA=90° …… ①

∠DAB=∠DCB …… ②

(∵ ∠DAB와 ∠DCB는 $\overset{\frown}{DB}$에 대한

원주각이므로)

따라서 ①, ②에서

∠BAT=∠DAT−∠DAB=∠DCA−∠DCB=∠BCA

∴ ∠BAT=∠BCA

(3)의 경우 중심 O를 지나는 지름 $\overline{AD}$를

그으면 그림 (1)에 의하여

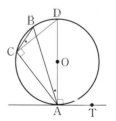

∠DAT=∠DCA=90° …… ①

∠DAB=∠DCB …… ②

(∵ ∠DAB와 ∠DCB는 $\overset{\frown}{DB}$에 대한 원주각이므로)

①과 ②에서

$$∠BAT = ∠DAT + ∠DAB = ∠DCA + ∠DCB = ∠BCA$$

∴ ∠BAT = ∠BCA

약속

접선과 현이 이루는 각

원의 접선과 그 접점을 지나는 현이 만드는 각
의 크기는 그 각의 내부에 있는 호에 대한 원주
각의 크기와 같다.

∠BAT = ∠BCA

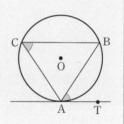

현과 현이 만나면 어떤 관계가 될까요?

오른쪽 그림과 같이 한 원에서 두 개의 현 $\overline{AB}$, $\overline{CD}$가 점 P에서 만난다고 해요. 이때 $\overline{PA}$, $\overline{PB}$, $\overline{PC}$, $\overline{PD}$ 사이의 관계를 알아봐요.

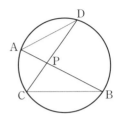

$\triangle PAD$와 $\triangle PCB$에서

$\angle PDA = \angle PBC$ ($\because$ $\overset{\frown}{AC}$의 원주각)

$\angle APD = \angle CPB$ ($\because$ 맞꼭지각)

$\angle DAP = \angle DCB$ ($\because$ $\overset{\frown}{BD}$의 원주각)

따라서 세 각이 같은 삼각형이므로 $\triangle PAD \varpropto \triangle PCB$입니다.

그런데 두 개의 닮은 삼각형에서 대응변의 길이의 비는 일정하므로 $\overline{PA} : \overline{PC} = \overline{PD} : \overline{PB}$가 되어요.

비례식에서는 '내항×내항=외항×외항'이므로

$\therefore \overline{PA} \cdot \overline{PB} = \overline{PC} \cdot \overline{PD}$

지금까지의 경우는 두 개의 현이 원의 내부에서 교차할 때입니다. 그렇다면 교차하지 않을 때는? 즉 두 개의 현을 연장하여서 원의 외부에서 만나는 경우를 생각할 수 있어요.

오른쪽과 같이 한 원에서 두 개의 현 $\overline{AB}$, $\overline{CD}$이 연장선이 원 외부의 점 P에서 만나는 경우에도 마찬가지로 $\overline{PA} \cdot \overline{PB} = \overline{PC} \cdot \overline{PD}$가 성립함을 알 수 있지요.

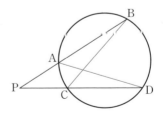

약속

원에서의 비례 관계

한 원에서 두 개의 현 $\overline{AB}$, $\overline{CD}$가 점 P에서 교차할 때 또는 연장선이 점 P에서 만날 때 $\overline{PA} \cdot \overline{PB} = \overline{PC} \cdot \overline{PD}$

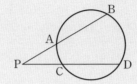

옆의 그림을 보세요. 두 선분 $\overline{AB}$, $\overline{CD}$가 만나는 점을 P라고 할 때, $\overline{PA} \cdot \overline{PB} = \overline{PC} \cdot \overline{PD}$이면 네 점 A, B, C, D가 한 원 위에 있음을 알아봐요.

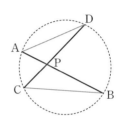

△PAD와 △PCB에서 $\overline{PA} \cdot \overline{PB} = \overline{PC} \cdot \overline{PD}$

이므로 $\overline{PA} : \overline{PC} = \overline{PD} : \overline{PB}$ …… ①

(비례식에서는 '내항×내항=외항×외항'이므로)

맞꼭지각의 성질에서 ∠APD=∠CPB …… ②

①, ②에 따라 △PAD∽△PCB가 돼요.

따라서 ∠PDA=∠PBC이지요.

한편 두 선분 $\overline{AB}$, $\overline{CD}$의 연장선이 점 P에서 만나는 경우에도 위와 같은 방법으로 ∠PDA=∠PBC가 성립함을 알 수 있어요.

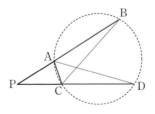

즉 두 점 B, D가 $\overline{AC}$에 대하여 앞의 그림과 같이 점 P에서 만날 때 ∠PDA=∠PBC이므로 네 점 A, B, C, D는 결국 한 원 위에 있습니다.

원에 내접하기 위한 사각형의 조건 2

두 선분 $\overline{AB}$, $\overline{CD}$ 또는 이들의 연장선이 점 P에서 만날 때, $\overline{PA} \cdot \overline{PB} = \overline{PC} \cdot \overline{PD}$이면 네 점 A, B, C, D는 한 원 위에 있다.

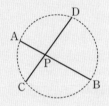
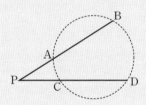

6. 이상한 원주 계산

오른쪽 그림처럼 중심이 같고 반지름이 다른 2개의 원주 위를 뛰는 조깅 코스를 만든다고 해 봐요. 안쪽의 원과 바깥쪽 원 사이의 폭이 10m라고 할 때 두 조깅 코스의 차이는 얼마나 될까요?

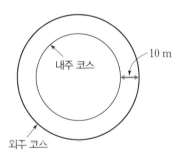

두 원의 반지름을 알 수 없으므로 일단 작은 원의 반지름을 $x(\mathrm{m})$로 해요. 그러면 큰 원의 반지름은 $x+10(\mathrm{m})$이 되어요.

큰 원주의 길이에서 작은 원주의 길이를 빼면 다음과 같아요.

$$2 \times \pi \times (x+10) - 2 \times \pi \times x$$
$$= 2\pi(x+10) - 2\pi x$$
$$= 2\pi x + 20\pi - 2\pi x$$
$$= 20\pi$$
$$\fallingdotseq 20 \times 3.14$$
$$= 62.8(\text{m})$$

신기한 것은 마지막에 x가 사라져 버리고 답이 62.8m가 된다는 사실이랍니다!

우리는 문제를 풀기 위해 작은 원의 반지름을 x(m)로 했지만 실제로는 x의 값을 어떤 수로 하더라도 마지막에는 x가 사라져 버리고 답은 항상 62.8m가 되어요. 즉 반지름의 크기에 상관없이 반지름의 차이가 10m라고 하면 원주의 길이 차이는 약 62.8m가 된답니다.

예를 들어, 지구의 원둘레와 지상 10m 지점에서 360° 회전한 원둘레의 길이를 비교해도 그 차이는 약 62.8m라는 뜻이에요. 참으로 희한한 일이지만 논리적으로 증명했으니 받아들여야겠지요? 이것이 바로 원의 독특한 성질이랍니다.

놀이터에서는 폐타이어를 재활용하여 만든 놀이기구들을 볼 수 있어요. 땅 위로 드러난 타이어 일부분의 길이를 측정했더니 현 $\overline{AB}$의 길이가 60cm이고, 그 수직이등분선 $\overline{CH}$의 길이가 20cm였어요. 이때 타이어의 지름의 길이를 구해 봅시다.

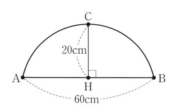

풀이 타이어의 전체 모습은 아래 그림과 같은 원이에요.

타이어의 반지름의 길이를 $x$cm라고 하면 직각삼각형 AHO에서 $OH=(x-20)$cm이므로

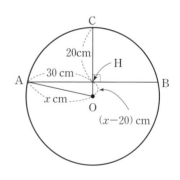

$$x^2=30^2+(x-20)^2$$
$$x^2=30^2+x^2-40x+20^2$$
$$40x=30^2+20^2=1300$$
$$x=32.5$$

따라서 타이어의 지름의 길이는 65cm입니다

개념다지기 문제 2 어느 도시에서 지진이 발생했어요. 진원지는 지점 O인데 지진은 A, B, C, D 네 지점에서 동시에 감지되었다고 해요. 교차로의 교차점을 점 P라고 할 때, 지점 D는 교차점으로부터 몇 km 떨어진 곳인지를 구해 봅시다.

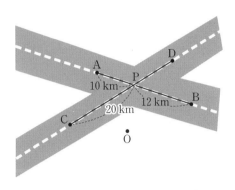

풀이 진원지 O에서 발생한 지진을 네 지점에서 동시에 감지했으므로 네 점은 점 O를 중심으로 같은 거리에 있어요. 즉 수학적으로 말하면 점 O를 중심으로 네 점은 한 원 위에 있는 거랍니다.

따라서 $\overline{PA} \cdot \overline{PB} = \overline{PC} \cdot \overline{PD}$이고 각 수치를 적용하면,

$$10 \times 12 = \overline{PD} \times 20$$

$$\therefore \overline{PD} = 6(\text{km})$$

따라서 지점 D는 교차점으로부터 6km 떨어진 위치입니다.

중학생을 위한 스토리텔링 수학 3학년

| 펴낸날 | 초판 1쇄   2015년   1월   26일 |
| | 초판 3쇄   2018년 11월 22일 |

지은이	계영희
펴낸이	심만수
펴낸곳	(주)살림출판사
출판등록	1989년 11월 1일 제9−210호

주소	경기도 파주시 광인사길 30
전화	031−955−1350 팩스 031−624−1356
홈페이지	http://www.sallimbooks.com
이메일	book@sallimbooks.com

| ISBN | 978−89−522−3023−2   44410 |
| | 978−89−522−2951−9(세트)   44410 |

살림Friends는 (주)살림출판사의 청소년 브랜드입니다.

이 도서의 국립중앙도서관 출판시도서목록(CIP)은 서지정보유통지원시스템 홈페이지
(http://seoji.nl.go.kr)와 국가자료공동목록시스템(http://www.nl.go.kr/kolisnet)에서
이용하실 수 있습니다.(CIP제어번호: CIP2014031014)